天天学敏捷

Scrum团队转型记

杨蕾　郑江◎著

清华大学出版社
北　京

内容简介

本书是业内领先的敏捷教练和培训师数年实践经验的结晶，通过通俗易懂的实例诠释Scrum的价值观、原则和实践。这是一本关于敏捷和Scrum的书，你会和“任务板”团队成员们一起从零开始了解敏捷和实践Scrum。这是一本实践类的书，“任务板”团队的故事会生动地为你解答实践中遇到的各种问题。不仅如此，书中还有大量的实践类问题的解答。这是一本读起来简单、轻松的书，这是一本用起来实用、入门的书。本书图文并茂，通过通俗易懂的描述和多幅图对Scrum进行阐述，用于描述Scrum的角色、工件和活动。

本书可以帮助团队成员、经理和执行主管了解Scrum常识，掌握可以拿来即用的通用词汇表，充分攫取Scrum的潜力，最终实现优秀团队能够做到持续、稳健发展的目标。

图书在版编目（CIP）数据

天天学敏捷：Scrum团队转型记 / 杨蕾，郑江著. —北京：清华大学出版社，2019（2022.9重印）

ISBN 978-7-302-52465-6

Ⅰ.①天…　Ⅱ.①杨…　②郑…　Ⅲ.①软件开发—项目管理　Ⅳ.①TP311.52

中国版本图书馆 CIP 数据核字（2019）第 043176 号

责任编辑： 秦　健　薛　阳
封面设计： 杨玉兰
责任校对： 胡伟民
责任印制： 杨　艳

出版发行： 清华大学出版社
　　网　　址： http://www.tup.com.cn，http://www.wqbook.com
　　地　　址： 北京清华大学学研大厦 A 座　　**邮　　编：** 100084
　　社 总 机： 010-83470000　　**邮　　购：** 010-62786544
　　投稿与读者服务： 010-62776969，c-service@tup.tsinghua.edu.cn
　　质 量 反 馈： 010-62772015，zhiliang@tup.tsinghua.edu.cn
印 装 者： 涿州市京南印刷厂
经　　销： 全国新华书店
开　　本： 148mm×210mm　　**印　　张：** 7.5　　**字　　数：** 190 千字
版　　次： 2019 年 7 月第 1 版　　**印　　次：** 2022年 9月第 2次印刷
印　　数： 2501～2700
定　　价： 49.00 元

产品编号：081771-02

推荐序一

在敏捷已经成为主流软件开发方法的今天，本土的实践者写一本敏捷的书，无疑需要很大的勇气。一方面，市场上已经存在大量的相关书籍，网络上充斥着各类文章和视频，线下也有层出不穷的大会和分享活动，这样一本入门书很容易被冷落。另一方面，敏捷本身不断演化，内涵也一直在丰富：敏捷是什么，很多人都有自己的理解；敏捷怎么做，仁者见仁，智者见智；著书立说，将观点摆在台面上，质疑和批评之声恐怕也会纷至沓来。

在敏捷社区里，大师在不断扩展敏捷的外延，大拿在激辩敏捷的真谛，专家在追逐各种卓越实践，而针对敏捷的入门——基础的敏捷实施已经少有人提及。然而，不能忽视的是，每年还是有很多的新手、零基础的新人进入软件开发领域。他们没有对敏捷思想背后的深邃洞察，无法理解从各种角度对敏捷实践合理性的论证，甚至无法理解软件开发活动本身，战战兢兢地在业务与技术、速度与效率、质量与成本的拉锯和平衡中，茫然地开始了敏捷的探索之旅。

他们需要有人基于他们所熟悉的开发场景，以困扰他们的问题为起点，告诉他们为什么需要敏捷（具备什么样的业务价值）；从基本的敏捷姿势入手，告诉他们怎么做敏捷（在实际项目中如何导入）；提供最简洁的指南，引导他们排除困难（实施中遇到问题怎么解决）。

而Lizzy（作者杨蕾）的这本书恰好回应了这种需求。它讲述了一个敏捷零基础的团队如何基于Scrum框架，在教练的指导下，一步步开始其敏捷之旅。Lizzy以讲故事的形式呈现整个过程，使得读者可以经历体验式的学习，跟随主角一起成长。同时，书中又有相当的篇幅对相关的知识点进行阐述，每个知识点以前言导入，在故事之后，以图解和小结精炼，以Lizzy说突出要点，最后以提问或建议引导读者学以致用。

在十多年的职业生涯中，Lizzy一直活跃在软件开发的一线，经历过甲方和乙方公司各种类型软件团队的开发测试、项目管理以及敏捷教练等职位。这使得她能够兼顾软件开发不同利益相关者的视点，并站在组织的层面和软件产品全生命周期的角度，系统全面地看待敏捷的价值、解决的问题、落地方案，以及实施过程中的痛点和应对等。这使得本书理论和实践兼得，既接地气，又具有一定的高度。

本书的知识架构脉络清晰，内容组织张弛有度，写作风格清新自然，阅读起来非常轻松。它定位在敏捷和Scrum的入门，因此比较适合对敏捷感兴趣但没有机会实践的新手；对于老手，也有一定的参考意义，书中的很多场景都可能会与您产生共鸣，触发您的进一步思考。书中难免也有些缺憾，对此，请读者抱着欣赏的态度，多给予一些包容和鼓励。

孙长虹

DXC高级解决方案经理

推荐序二

随着互联网行业在中国的迅猛发展，软件研发团队受到越来越多的挑战，不仅软件系统的规模越来越大，对于技术要求越来越高，而且要求研发团队能够及时响应市场的需求和变化，快速地开发出高质量的软硬件产品。在互联网行业高速发展的今天，研发团队延用传统的软件开发模式和流程已经不能满足当前的产品研发需求，因此越来越多的公司开始学习和尝试敏捷开发模式，以改善和解决已经遇到的各种难题。

我本人读过好几本Scrum敏捷开发的相关书籍，但总感觉有些概念和细节晦涩难懂，无法全面理解Scrum敏捷开发模式。读了Lizzy老师的《天天学敏捷：Scrum团队转型记》后，我感觉此书通俗易懂，让我很轻松地掌握了敏捷开发的基本知识以及Scrum的整体流程和必要过程。本书通过多个角色对话的方式全面阐述了Scrum的敏捷研发流程，文中使用了很多表格和图示来辅助讲解，文章内容简洁、生动有趣，是一本Scrum入门的佳作。我推荐本书给大家，希望大家可以通过此书快速地理解和掌握Scrum敏捷开发流程。

吴晓华

光荣之路测试开发培训创始人

前 言

这是什么书?

这是一本“小说”，我会讲一个大大的故事给你听，故事的主角是一个叫作“任务板”的团队。

这是一本关于敏捷和Scrum的书，你会和“任务板”团队成员们一起从零开始了解敏捷和实践Scrum。

这是一本实践类的书，“任务板”团队的故事会生动地为你解答实践中遇到的各种问题。不仅如此，书中还有大量的实践类问题的解答。

这是一本读起来简单、轻松的书；这是一本用起来实用、入门的书；这是一本敏捷和Scrum的书。

你为什么要学习敏捷和Scrum?

因为敏捷的思想和方法已经或者即将成为你生产产品和完成项目的方法；因为Scrum是应用最为广泛的敏捷方法；因为再不学点儿敏捷和Scrum的知识，你就落伍了。

我为什么写这本书?

好吧，我承认我是个懒人。我讨厌在面对着屏幕辛勤工作了8

小时以后再抱着厚达500页的《Scrum敏捷软件开发》读上哪怕是5分钟。我讨厌在刚刚赶工完成了产品负责人要求的功能以后再对着电脑研究专家们写的博文。

我的同事问我：既然如此，你为什么还要扔给我们厚厚一摞敏捷和Scrum的文档，让我们看得头晕眼花？

我承认，这些文档我自己看起来也很难过……可除此之外，我没有别的东西可以抛给你们去帮助你们了解敏捷和Scrum……

啊！我可以写一个！写一个你看得懂的，像小说一样的，简单的，帮助你入门的，敏捷和Scrum的书！

因此，我想给和我一样的“懒人”写一本敏捷和Scrum的入门小书，这本书应该像小说一样，有意思而且简单易懂，应该可以解答实施项目过程中的实际问题。有了这本书，以后我就不用逼着大家去看那些我自己都不喜欢读的厚厚的手册了。

一些假设

假设你是一个IT行业的从业者，并且对如何生产软件产品有认知。

当然，如果你不是IT行业的从业者，我想书里的大部分内容也适合你阅读。

谁适合读这本书?

简而言之，这本书适合所有人来看，也许你是工程师，也许你是产品经理，也许你是管理者。

- ScrumMaster和产品负责人往往是需要率先学习敏捷和Scrum知识的人，所以在本书中讨论了众多你们关心的话题，跟着书中的主人公一起学习和成长，有一天你们也可以成为Scrum大咖。

- 对于工程师们来说，学习技术已经足够辛苦了，因此我为你们准备了轻松的故事。看一看故事里的研发和测试们遇到的问题，也许你会欣然发笑。

如何使用这本书?

作为Scrum的入门书，我希望它可以轻松、简单并且清晰地回答4个关于敏捷和Scrum的问题：为什么？谁来做？怎么做？做什么？

对于喜欢先从整体上了解知识体系的小伙伴来说，也许你已经注意到目录后面的思维导图，它非常清晰地描绘出了整本书的框架，希望你们会喜欢它。

对于很多章节，除了话题以外，还准备了实践类问题的解答。可以根据目录，选择自己喜欢的问题快速找到答案。

每个话题都有几个固定的部分及作用。

- 前言——引入话题，背景介绍。前言都不是很长，介绍的是话题的背景，推荐大家都读一下。
- 故事——通过“任务板项目”的故事为大家描绘出一个完整的Scrum项目。无论你是管理者、产品经理或者工程师，这个故事都适合你读一读，你会发现它读起来很轻松，很接地气，也许会让你豁然开朗，或者嫣然一笑。
- 图解Scrum——话题知识点的形象化。看画比看字轻松，也更容易记住知识，大家不妨都看看。
- 知识小结——理论知识点总结。这一部分将话题里面的知识点进行了总结和概括。如果你关注理论知识，那么不要错过。如果你认为它有些枯燥，而且你工作中不需要强大的理论知识（假设你是个工程师），那么你可以跳过这部分内容。

- Lizzy说——实践过程中会遇到的问题。无论你的角色是什么，你都可以看看这个简单的小话框。
- 学以致用——学习后的思考和应用。所谓学以致用就是不光要输入知识，更要想办法将知识应用到实际中，你不妨在看完每节后都思考一下“学以致用”里面的问题，这样的思考过程会让你迅速地将知识转化为能力。

和别的书不一样，这本书讲了一个敏捷团队转型的故事。虽然如此，但这并不影响你选取书中的不同章节按照自己的兴趣进行阅读。

当然，如果你刚刚接触敏捷和Scrum，我建议你无论如何都要读读第1章，其中介绍了敏捷和Scrum的基础知识。对于只是希望进一步理解敏捷和Scrum的读者来说，你至少应该看一看1.1节、1.2节、1.4节、1.7节、1.9节的内容。当然，你最好能坚持通读第1章。

也许你的组织和团队已经在实施敏捷和Scrum了，也许你只是想解决一些实施中的问题，那么你可以按照目录的指引，直奔你想要的问题答案就好。

另外，这本书里有许多张非常实用的图表，强烈建议你收藏（也许你可以在项目组里分享它们；也许你可以以它们为基础整理出自己的Scrum团队的各种流程；也许你可以把它们当作Scrum团队转型初期的参考检查表等）。

我的目标

在《跃迁：成为高手的技术》一书中，作者说：“一张银行卡，你存进去再多，如果不知道提取密码，就没法提现；知识也是一样。知识晶体就是知识提取的密码。”“如果知识点之间能形成稳定的结构，知识就形成一种‘知识晶体’。知识从散装变成晶体，就变得不容易磨损，强度很大，也容易整体提取。”

因此，我的目标是帮助你形成敏捷和Scrum的知识晶体。

- 写给Scrum零基础的你。
- 你可以把这本书当作小说来读。
- 通过阅读这本书你可以掌握敏捷和Scrum基础知识。
- 本书可以解答一些Scrum项目成员在项目实施中经常遇见的问题。
- 提供大量案例和解读，能够为读者提供明确的行动建议。

如果你不同意书中的内容

我把完成这本书当作一个Scrum项目来做，想到这个产品马上就要发布了，我很兴奋！

虽然经过了多轮检查，但这个产品也许还有很多的缺陷。提前感谢你们的包容，希望作为读者的你们可以加我微信，帮我指出缺陷，并且提出你们对这个产品的意见，以便我继续迭代这个产品，修改缺陷和完善功能。

当然，也许你对我在书中的一些观点有意见，如果是这样的，欢迎你通过清华大学出版社网站（www.tup.com.cn）与我们联系，更正书中的错误理解。

你们的意见将是我收到的最好的礼物。谢谢你们！

作　者

本书思维导图

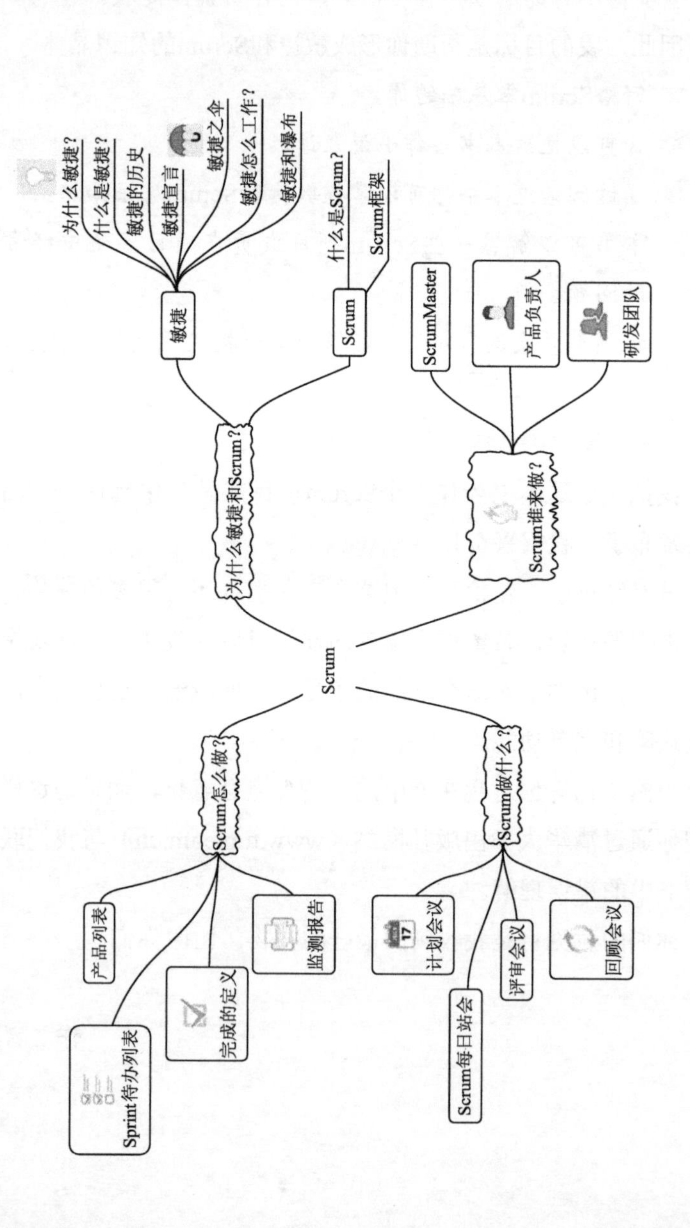

Scrum
为什么敏捷和Scrum?
敏捷
为什么敏捷?
什么是敏捷?
敏捷的历史
敏捷宣言
敏捷之伞
敏捷怎么工作?
敏捷和瀑布
Scrum
什么是Scrum?
Scrum框架
Scrum谁来做?
ScrumMaster
产品负责人
研发团队
Scrum怎么做?
产品列表
Sprint待办列表
完成的定义
监测报告
Scrum做什么?
计划会议
Scrum每日站会
评审会议
回顾会议

人物介绍

老王	北京研发中心经理，任务板项目敏捷转型的支持者和上层领导，为项目组提供各种资源
老朱	老王从咨询公司聘请的敏捷专家，帮助任务板团队敏捷转型
小李	团队以前的项目经理，任务板团队的ScrumMaster；与老朱一起负责项目转型；从敏捷和Scrum知识零基础的小白逐步成长为合格的ScrumMaster
小王	团队以前的产品经理，任务板团队的产品负责人
Stephen	Scrum研发团队，主任研发工程师
Cindy	Scrum研发团队，UI工程师
Dave	Scrum研发团队，研发工程师
Jason	Scrum研发团队，研发工程师
Jarod	Scrum研发团队，研发工程师
Amy	Scrum研发团队，测试工程师
Kelsi	Scrum研发团队，测试工程师

开发团队之殇

一家美国公司的主营业务是客户关系管理系统，它拥有20年的历史。它拥有众多包括世界500强在内的巨型跨国公司客户，产品在Gartner的排名中位于业界领先水平。这家公司于2010年在北京成立了研发中心。该研发中心拥有包括新特性开发、产品维护、技术支持和数据中心方向的多个团队。这其中包括一个新技术开发团队，该团队与办公地点位于其他城市和国家的公司团队共同负责为公司的大型客户关系管理系统开发新功能。按照以往的发布频率，该团队每年发布一个新功能版本。

这一年，团队按照以往的流程（计划→需求分析→设计→编码→测试→发布）开始准备开发新功能“文档审批系统”并计划在年底发布。在完成计划、需求分析和设计以后，开始编码工作。但是，当项目推进到第5个月的时候（编码工作阶段），大家开始意识到有更多的需求和相关工作需要在发布之前做完，于是团队开始通过简化设计来赶工。当项目执行到第7个月的时候，产品经理提出了越来越多的需求变更，为了能够按时发布，团队开始加班，但即便如此按时完工的希望也很渺茫。为此团队牺牲了测试和修改产品缺陷的时间，欠下更多的技术债。

即使整个团队努力地工作，产品还是没能按时发布，比计划晚了整整三周的时间，而且产品质量问题严重，也没有完成所有计划的功能开发。团队成员在经历漫长的加班以后，家庭生活和个人健康都受到了影响。

更令人沮丧的是，在项目的总结会议上，北京研发中心的经理说："项目团队无法拿到今年的奖金，因为产品延期，质量不过关，给公司带来了巨大的损失……"团队成员都感觉很委屈，他们为了这个项目牺牲了健康、家庭，夜以继日地加班赶工，最后却得到这样的结果……

在新的一年到来的时候，研发中心经理老王找到该团队的项目经理小李，与其讨论新一年的团队工作。

老王："你们团队需要做出改变，否则很难再拿到预算。如果今年还像去年那样，那么我们的新功能有可能被拿到马来西亚去做。"

小李："去年项目上的所有同事都很辛苦，尤其在最后的两个月里，产品经理、程序员、测试工程师，所有人都疯狂加班，可是最后还是出了这么多的问题。"

老王："团队辛勤工作但最后却收不到好的结果。你们有没有分析过到底是怎么回事？"

小李："我们在努力分析，希望可以找到原因。但是，到目前为止一筹莫展。所有人都没有错，但结果就是不好。"

老王："看来找个外部专家来帮忙调查和解决问题很有必要。我们不能再这样下去了。"

小李："是的，不能再这样下去了…… 一定要有所变化……"

老王："美国总部的一些新功能研发团队在尝试敏捷的开发框

架，据说效果不错。我会为你们邀请一位敏捷专家来和团队一起工作，看看他能不能帮助我们解决问题，带来改变。”

小李：“好的。”

老王：“按照公司计划，你们团队今年需要实现‘Scrum任务板’功能，这个功能将以支持终端用户使用Scrum的方式来管理他们的市场项目。终端用户都要使用Scrum来管理项目了，我们的研发团队也要使用Scrum来管理才跟得上节奏。”

小李：“Scrum？敏捷？这些我们以前都没有接触过。我对新的技术还是很好奇、很欢迎的。我会努力和外部专家一起工作，希望可以给我们的项目团队带来改变。”

Scrum电子任务板功能概述

（团队今年需要研发的新功能）

随着Scrum的广泛应用，越来越多的团队选择使用这个方法来研发和执行新项目。作为引领客户关系管理系统领域的产品，我们需要将Scrum电子任务板及相应的功能加入现有的系统中，以便留住老客户并且吸引新客户。

由于原有系统中已经支持传统的项目管理流程（包括项目创建、任务及任务属性的编辑、管理、权限和配置管理等），因此Scrum电子任务板需要实现的是将原有的功能在新的电子任务板中实现，并且根据新的需求实现Scrum任务板独有的功能。

Scrum电子任务板应该支持用户团队使用Scrum的方法来完成项目的全过程。“任务板”应该支持以下功能。

（1）“任务板”应该将用户所建立的“项目”里的所有工件/任务按照任务状态等属性显示在任务板视图中。

（2）“任务板”中的工件/任务“属性”应该可以编辑。

（3）“任务板”应该支持权限管理。

（4）“任务板”应该支持用户自定义配置。

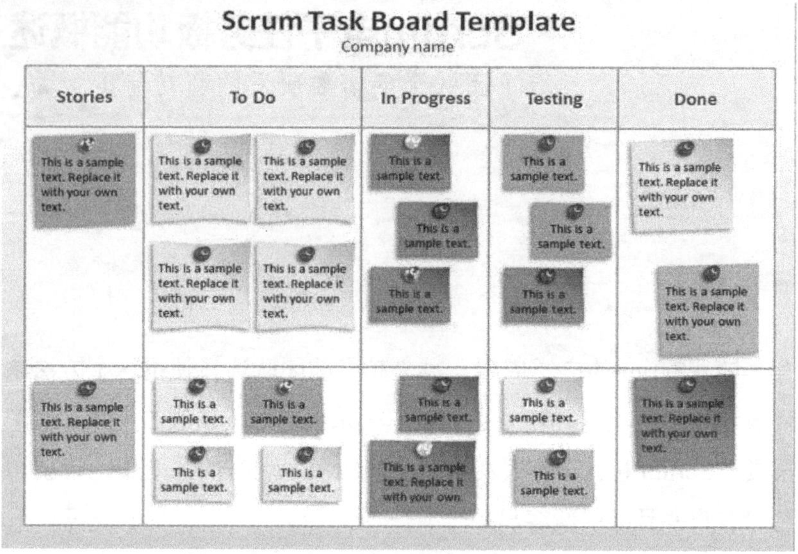

(该图为产品经理在项目调研阶段寻找到的任务板图片。仅供参考)

工件和任务：

工件是Scrum的一个专业术语，包括Scrum的所有工作项和成果。用户故事是最常见的描述Scrum工作项的技术。因此，经常会直接将工作项称为用户故事。

任务是用户故事的子集。一个用户故事（工件）可以包括多个任务。例如，如果我想完成新页面中显示“任务板”这个功能，那么用户故事是：在新页面打开“任务板”，这个用户故事可以对应多个任务，例如测试任务、编码任务、UI设计任务等。

目　录

第1章
为什么敏捷和Scrum
——敏捷和Scrum入门

1.1　为什么敏捷……2
1.2　什么是敏捷……7
1.3　敏捷的历史……13
1.4　敏捷宣言……15
1.5　敏捷之伞……19
1.6　敏捷怎么工作……25
1.7　敏捷和瀑布模型的区别……31
1.8　什么是Scrum……36
1.9　Scrum框架……40
1.10　实践类问题……49
1.10.1　我应该用Scrum吗……49

1.10.2 我可以同时实践Scrum和PRINCE2吗 ······ 49
1.10.3 实践Scrum时会遇到问题吗 ······ 50
1.10.4 Scrum是否可以部分应用 ······ 51
1.10.5 我什么时候不能用Scrum ······ 52
1.10.6 Scrum可以在大型组织中实践吗 ······ 52
1.10.7 Scrum是一个框架，而不是一个方法 ······ 53
1.10.8 Scrum资格证书和素质 ······ 53

第2章 Scrum谁来做 ——Scrum的角色

2.1 ScrumMaster ······ 56
2.2 产品负责人 ······ 67
2.3 开发团队 ······ 78
2.4 实践类问题 ······ 92
2.4.1 一个人能同时既做产品负责人又做ScrumMaster吗 ······ 92
2.4.2 Scrum里任务是如何分配给团队成员的呢 ······ 93
2.4.3 开发团队可以有多少个人，为什么要限制团队人数 ······ 93
2.4.4 如果项目工作太多，一个Scrum团队做不完怎么办（团队之间的工作协调） ······ 94
2.4.5 迭代和冲刺的区别是什么 ······ 94
2.4.6 为什么在开发团队里只有工程师而不是开发、测试呢 ······ 95
2.4.7 产品负责人和ScrumMaster都是全职工作吗 ······ 95
2.4.8 质量控制在Scrum里怎么体现 ······ 96

2.4.9 新任ScrumMaster应该怎么办……96
2.4.10 Scrum的核心价值观……97
2.4.11 开发团队的人员配备……97
2.4.12 一个ScrumMaster可以同时和多个团队一起工作吗……98
2.4.13 Scrum有没有一套流程，有没有标准……98

第3章 Scrum怎么做
——Scrum工件

3.1 产品列表……100
3.2 Sprint待办列表……114
3.3 完成的定义……125
3.4 监测……132
3.5 实践类问题……140
3.5.1 谁负责产品列表，谁负责Sprint 待办列表……140
3.5.2 产品列表的优先级如何制定……140
3.5.3 什么是DOR……141
3.5.4 敏捷了就不需要文档了吗……141
3.5.5 Scrum管理产品列表、冲刺待办列表，需要使用什么工具……142
3.5.6 什么时候梳理产品列表，谁梳理产品列表，怎么梳理产品列表…143
3.5.7 需要开产品列表梳理会议吗……143
3.5.8 Scrum团队跟踪个人完成的任务吗……144
3.5.9 监测的结果可以用来比较不同的Scrum团队之间的绩效差距吗……145

第4章 Scrum做什么
——Scrum会议

4.1 计划会议……148
4.1.1 工作量预估……149
4.1.2 计划会议第一部分：做什么……151
4.1.3 计划会议第二部分：怎么做……155
4.1.4 Sprint待办列表……161
4.1.5 计划会议以后……164
4.2 Scrum每日站会……167
4.3 评审会议……174
4.4 回顾会议……184
4.5 实践类问题……195
4.5.1 冲刺目标是什么……195
4.5.2 Sprint应该多长……196
4.5.3 一个Sprint需要完成多少个故事点……196
4.5.4 如果评审会议没有可以演示的内容怎么办……197
4.5.5 Sprint评审会议有没有一些小技巧……197
4.5.6 回顾会议上的安全检查……198

尾声……200
附录A 参考概念……207
附录B 参考文献……209

附录C 敏捷软件开发宣言 …… 210
附录D Scrum的应用、三大支柱和五大价值观 …… 212
附录E 瀑布模型与Scrum …… 214
附录F Scrum骨架 …… 215
附录G 专有名词对照 …… 216

第1章

为什么敏捷和Scrum
——敏捷和Scrum入门

无论你怎样为系统做计划，它就是不会如你所愿。世界不是按照某种方式运转的。你所处的系统并不在乎你做的计划。

——[荷] Jurgen Appelo

1.1 为什么敏捷

“所有的项目都在转型到敏捷”“总部要求今年敏捷项目比例至少要到50%”“市场部的项目也要转型成为敏捷项目”……

根据Scrum联盟2017年年底发布的调查结果显示，有98%的人确认自己所在的公司计划在将来使用敏捷的管理方法来管理项目。著名公司，如外国的谷歌、苹果、脸谱、IBM、HP、PayPal、波音、美国在线、摩根、BBVA，中国的阿里巴巴、百度、腾讯、京东也都有敏捷的项目。更有甚者，据调查报告显示，敏捷正在从它兴起的软件产品部门快速渗透到公司的其他部门，甚至是渗透到其他行业。

而从敏捷项目地域分布的角度来看，在美国已经有将近一半的项目在使用敏捷的方法，而在中国这个比例还低于3%。我们有理由相信，敏捷方法的应用在中国将会越来越广泛。

在学习如何使用敏捷方法之前，要搞清楚一个问题：为什么使用敏捷的方法来开发产品？

在上次谈话一周以后，老王把小李叫到了办公室，他给小李介绍了敏捷专家老朱。

老王：“小李，这是我为团队请来的项目管理和敏捷专家老朱， 接下来的三个月时间里，他将和团队一同工作来解决团队面临的问题。”

小李：“你好老朱。”

老王：“老朱，公司上层希望以小李他们今年的项目作为试点，在北京研发中心尝试敏捷转型，把小李他们团队转型为Scrum团队。还请你和小李一起工作。第一步，需要你们对项目团队能否转型成为Scrum团队进行评估。”

老朱：“好的。我需要和小李聊一聊我们的项目，并且我会把敏捷和Scrum的知识分享给小李，之后我们会做出评估。”

老王：“好的。公司会全力支持你们的工作。”

小李和老朱离开老王办公室后，小李开始给老朱介绍项目情况。

小李：“老朱，欢迎来帮助我们解决问题。去年的项目，我们很努力，但是效果却并不好。我们分析了原因，但结果却令我们沮丧，感觉每个人都已经努力做到了自己的最好，但是项目却仍旧做失败了。今年公司领导希望我们团队使用Scrum来研发新产品以解决去年项目的问题。可包括我在内的整个项目团队在敏捷和Scrum方面都没有经验，我们还是需要你多多帮忙，多多指教啊。”

老朱：“小李，我能理解团队这种无力感，希望我能够真的帮到大家。你能分享一下去年的项目里有哪些事儿是最令大家头疼的吗？”

小李：“根据我们团队的总结讨论，事情开始变坏是从产品经理遇到问题开始的，他无法在项目初期计划阶段确定所有需求，导致在项目进行到中期的时候我们又多出来了好多新的功能需要完成，感觉上他根本不知道客户到底要什么，我们到底要做些什么。

这就好像是多米诺骨牌一样，需求变了，你要用的技术就要变，而这样一来一切就都变了。整个团队每天疲于奔命，可到了最后才提交所有功能给测试人员，可怜的测试们即使加班加点也没办法在被压缩的所剩无几的时间里做完所有的测试。于是，最终一个不满足客户需求质量低劣的产品被提交给了客户。而包括产品经理在内的所有人都感到自己既无助又无辜。”

老朱：“小李你们遇到的问题非常普遍，很多项目都会遇到和你们同样的问题。这些项目往往多是为了满足一个全新的客户需求而需要创造全新的产品，而这类新产品的最大特点就是没人能在给用户试用产品并且得到反馈之前确认清楚产品的功能需求。按照传统的项目管理方法，没法确定产品需求的结果就是接下来的开发技术不确定，测试时间不足，最终产品质量低下，严重延期。”

小李：“那怎么办呢？”

老朱：“新的项目和产品特点，需要我们找到新的方法来适应。运用敏捷的方法是个不错的选择。”

小李：“老朱，我理解需求不明确和技术不确定这两个特点导致瀑布开发方式不能很好地工作。刚才你说敏捷可以解决这样的问题。你能举个例子说明一下敏捷是怎么避免这两个问题的吗？”

老朱：“假设我要从北京出差去上海。如果我坐飞机去的话，在我登机之前以及飞行当中，我的飞机都受到地面塔台的控制。飞行员接收一条指令，然后执行这条指令。如果情况有变，例如天气不太好，飞行员也必须在接收到新的指令以后才可以对飞行姿势做出调整。当到达机场的时候，地面塔台会继续指导我们在哪条跑道着陆，在哪个登机口开舱门。这就是典型的传统管理方法，从一开始到最后对整个系统的需求和技术都是可以控制的。

假设我不坐飞机去上海，而是选择开车去。那么我可以选择任意自己喜欢的路线，在任何时候出发。在整个过程中，我可能并不能预知每个具体的时间会开车到哪里，也并没有计划完整的路线以及在哪里停车休息。我只是在整个过程中遵循最基本的交通法规，例如，红灯停，绿灯行，保持正常车速。在整个驾驶过程中，我随时根据情况做出调整，应对未知。这就是典型的敏捷方法，处理那些我们并没有掌握所有信息，无法控制不确定性的事物。

当项目的需求和技术不明确的时候，传统的把一切精准计划好并逐步实施的方法不再适用。我们需要一套新的可以随时做出调整的，适应复杂系统的开发方法。这就是敏捷开发方法出现的原因。”

小李：“原来是这样。敏捷的开发方式完全和以往的瀑布模型不是一个思路。它随时准备好应对变化，因此无论需求、技术怎么变，都能应付自如。”

老朱：“以Scrum为例，以下几点是实施Scrum的好处，也许你不能完全理解。不过没关系，留作参考就好。作为新接触敏捷的一线工作人员来说，你理解到刚才我举例子说明的程度就已经对你的工作有很大帮助了。”

实施 Scrum对组织和项目的好处：

- **更高的生产力和更低的成本。**
- **员工的参与度与工作满意度增强。**
- **更快的产品上市时间。**
- **更高的质量。**
- **项目干系人的满意度提升。**

小李：“嗯，我认真学习一下。不过我有个疑问，你说Scrum是敏捷的一种方法。这个我有点儿不太明白。你能解释清楚一点儿吗？”

老朱：“小李，你这个问题问得很好。不过今天我想先卖个关子。这个问题我要慢慢解释给你听。今天我们先到这里，你和团队分享一下我们今天的讨论，再仔细分析一下你们今年要做的项目是否符合需求和技术不明确的特点。明天我会继续给你解释‘什么是敏捷’。”

图解Scrum

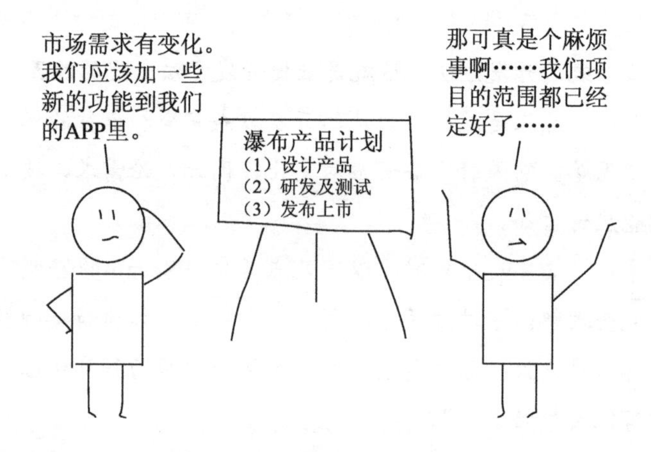

市场需求有变化。我们应该加一些新的功能到我们的APP里。
瀑布产品计划
（1）设计产品
（2）研发及测试
（3）发布上市
那可真是个麻烦事啊……我们项目的范围都已经定好了……

知识小结

由于传统的瀑布模型管理方法无法满足现代某些软件产品开发过程的特点，我们需要使用敏捷的方法（例如，Scrum是一个让我们关注于在短时间里交付高质量商业价值的敏捷框架）。

需求频繁变动，技术不确定，这正是传统管理方法不满足现代软件产品开发的两个突出问题。因为传统管理方法不满足需要，才出现了敏捷的方法。

需求不明确指的是：虽然对要做一个怎样的产品有规划，但是并不明确和确定所有功能的细节；并且随着产品的开发，极有可能对产品功能不断地改变以适应最终用户的需求。这种情况经常发生在对全新概念的产品的开发过程中。

技术的不确定性指的是：技术的发展日新月异，对于所定义功能的可实现性面临着多重不确定性的因素。

Lizzy说

传统开发方法和敏捷开发方法没有孰优孰劣之分。对于很多技术和需求可控的项目，传统的开发方式仍旧是首选。

学以致用

你的项目是否在技术和需求方面呈现不确定性呢？你的项目是否需要使用敏捷的开发方法？

1.2　什么是敏捷

无论你是否做过敏捷项目，你肯定听说过“敏捷”这个词汇。但是，敏捷到底是什么？

敏捷，英语单词是Agile，意思是灵活的，灵巧的，轻快的，机敏的。

在维基百科里，将Agile 软件开发方法定义成：“是一组从20世纪90年代开始逐渐引起关注的新型软件开发方法，可以应对快速变化的需求。”

第二天一早，小李兴冲冲地来找到老朱。

小李：“老朱，我昨天和团队讨论了一下，大家都对敏捷和Scrum非常感兴趣。我们认为敏捷解决的需求不确定、技术不确定的问题正是我们去年遇到的麻烦。我昨天晚上想了一晚上，终于明白为什么无论我们怎么努力工作都不能按时完成项目。问题出在我们的产品开发方法上，瀑布模型不适合我们的项目。

我刚刚和产品经理聊了聊今年要做的‘任务板’功能，产品经理告诉我，这个项目会和去年的项目类似，在初期功能需求不确定，无法给出详细的需求文档。如果我们还用瀑布模型，去年的悲剧就会再次上演啊……

看来，老王说得很对，我们真的需要转型到敏捷来适应新的项目特点了。”

老朱：“小李，你的功课做得不错，我们的确需要转型来适应新项目的需要。希望你把这些知识也可以分享给整个团队。”

小李：“我会的。那我们今天学点儿什么呢？”

老朱：“昨天我只是给你介绍了为什么要敏捷。今天，我想给你介绍一下什么是敏捷，以及敏捷的相关知识。

敏捷是一组应对快速变化的软件开发方法，它的特点是迭代和增量。”

小李：“那怎么理解增量和迭代这两个概念呢？”

老朱：“我给你举个例子吧。有一个挑夫，他需要从A村运输500千克粮食到B村。在对粮食的验收标准（产品需求）、运输路线和运输所应使用的最合理的工具（技术）不确定的情况下，他可以通过敏捷的方式完成这个任务：

- 挑夫把自己完成整个运输任务的过程分为若干个小的迭代（也就是敏捷中的专业术语：迭代），每个迭代以1小时为时间长度。
- 在第一个迭代里（也就是第一个小时里），他找来自己认为最合理的工具——一个大筐并且选择了自己所知的最合理路线从A村运100千克粮食到B村后返回A村。
- 在完成了第一个迭代的搬运后，挑夫发现自己其实可以改进运输工具——担子，这样他就可以一次性运输更多的粮食，于是他决定使用担子（工具变化），并且在第二个迭代运输了200千克粮食到B村。
- 在第三个迭代中，他想到从A村到B村有一条捷径，只要经过一个水塘就可以节省一半的时间，于是他选择了这条捷径，在这个迭代里运输了200千克粮食。可是，负责验收粮食的人却说粮食被水泡了而拒绝收货（产品需求不确定带来的问题）。
- 于是，在第四个迭代里，挑夫放弃捷径，继续使用原来的路线从A村运输粮食到B村，他运送了200千克粮食到B村。

这里面1小时时长就是迭代，挑夫以1小时为时长来分期完成任务。挑夫每个迭代运输的粮食就是增量，第一个迭代增量是100千克粮食，第二个迭代是200千克，第三个迭代因为粮食被泡所以增量为零，第四个迭代增量是200千克。

挑夫在最开始并不知道自己完成整个任务要用到哪些工具，走哪条路线，他只知道要完成运输。在需求不确定和技术不确定的情况下，挑夫通过每个迭代（1小时）都提交一些增量（运输粮食）

来完成整个任务。由于没有事先计划出粮食可否泡水（客户需求）和必须使用的运输工具和运输线路（技术），因此，在每个迭代中挑夫都可以根据上一个迭代客户的反馈和自己积累的经验教训来调整项目以实现运输500千克粮食的最终目的。

如果按照传统的管理方式完成这个任务，挑夫也许会在最开始计划运输线路，寻找可以运输粮食的工具，在经过调查和研究以后，也许他会花些时间找来一辆马车一次性地把500千克粮食从小河路线运到目的地。但当他运到时他会被验收者拒绝，因为粮食已经被水浸泡不符合验收者的需求。也有可能他在使用马车运输到一半的时候发现马车太摇晃把粮食都撒到了地上而无法将粮食足量运到目的地。而此时，项目结束时间就在眼前，他已经无法按时完成任务……

敏捷通过尽早（迭代）地把产品（增量）投放到市场，帮助公司以最快的速度收到经济回报，同时收集市场用户对产品的反馈以最快的速度来改进产品。”

小李：“嗯，这下我就明白了增量和迭代的概念了。”

老朱：“小李，如果把增量和迭代的概念套用到你们去年的项目上，你们要怎么样做呢？”

小李：“迭代的话就是把项目从时间上等分成一段儿一段儿的。我们的项目做了一年，那我可以说一个月是一个迭代吗？”

老朱：“可以啊，这就是迭代的概念了。把项目的时间分成一段一段的。那增量呢，应该怎么对应上？”

小李：“增量应该就是每段时间里我完成的工作吧?”

老朱：“对啊。完成的什么工作呢？你能举个例子吗？”

小李：“例如，研发工作、测试工作、文档工作……”

老朱："这个答案就有点儿问题了……你看看在挑夫的例子里，他每个小时（迭代）交付的工作可是实实在在的粮食（有用户价值的）啊。而你刚才说的这些都是工作，虽然有意义，但是每一个工作都没有办法直接卖给客户为公司换来价值啊。"

小李："啊……但是我们一直以来都是按照这个思路来完成工作的啊。如果这些不对的话，那什么样的工作才是增量呢？"

老朱："你们去年的项目是做文档审批的功能，你们都实现了哪些功能呢？"

小李："我们的文档审批模块，它支持对PDF、Word、Excel文件格式的审阅；支持加入各种类型的备注；支持多审阅版本的管理和对比……老朱，难道你的意思是说提交的这些功能才是增量？"

老朱："是的，小李。这些实在的，能够卖给用户的功能才是我们所说的增量。"

小李："嗯……好吧。虽然我还说不上来，但是我感觉这里我还有些地方没弄明白。"

老朱："没关系，小李。有问题我会随时回答你。"

图解Scrum

核心思想在于迅速交付商业价值

体现为可工作的软件

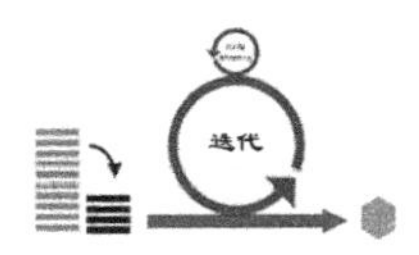

以定期增量的形式持续地交付价值

知识小结

敏捷方式的核心思想在于迅速把产品投放给用户来为公司带来盈利，敏捷的特点是迭代和增量（迭代和增量的概念请见附录A）。

对于公司来说，敏捷开发的目的就是尽早开发出可以工作的产品给用户来赢得市场带来利润。在产品投放市场以后，通过客户的反馈，公司可以继续改进产品功能。而实现这一目的的过程就是，项目被分成若干个迭代（迭代），每段时间里开发出一部分产品功能（增量），并且按照计划将这些功能（增量）投放到市场成为为公司盈利的产品。与传统管理方法提前做好计划，尽量规避变化的管理方式不同，敏捷拥抱需求和技术的变化，认为需求和技术的不明确和变化是必然的。

学以致用

如果把你假设成那个挑夫，你实际工作中的项目又是如何完成“搬运”的呢？

Lizzy说

关于什么是敏捷这个问题从不同角度出发可以有多种答案。在这里要强调的是敏捷具有以交付为目的，迭代和增量的特点。

1.3 敏捷的历史

老朱："小李，接下来我要和你分享敏捷的历史。这些知识在实际项目中也许对你没什么帮助，但是对于你了解整个敏捷的演进背景是有帮助的。和之前一样，也麻烦你把这些知识分享给团队里的成员。"

图解Scrum

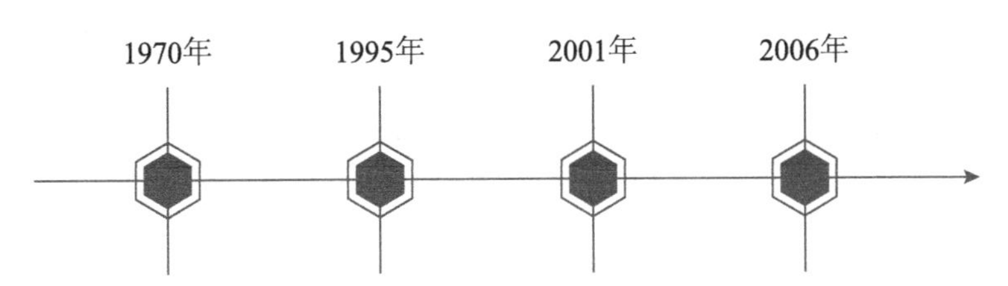

知识小结

1901年，一位名叫安妮·海德森·泰勒的63岁探险家，把自己装进了一个木桶从尼亚加拉大瀑布山冲下去。当她浮出水面的时候，看起来并没有受什么伤，只是有些轻微的伤口，但是她随后说："我情愿走到炮口前面被轰成碎片，也不要再来一遍瀑布冲流。"

如果你曾经或者现在仍旧在瀑布模型下的软件项目里工作，你也许能够理解为什么这位探险家为什么再也不想再来一遍"瀑布"。虽然这个瀑布冲流和我们的瀑布模型没有什么关系。

在20世纪70年代，Winston W. Royce第一次在IEEE WestCorn软件工程会上提出了瀑布模型的概念。在这之后的几十年，瀑布模型一直被各个公司采用来生产软件产品。

值得注意的是，1995年，Ken Schwaber 和 Jeff Sutherland 提出了Scrum方法并且在OOPSLA工作坊中进行了初步的实践。1996年，极限编程在克莱斯勒支付系统中使用。

到了21世纪，整个软件界也才开始逐步认识到瀑布模型是有缺陷的，因为瀑布模型本身太完美，而实际的工程实践却不可能如此完美。2001年，包括Martin Fowler 和 Jim Highsmith在内的17名极客在美国犹他州的雪鸟滑雪山庄，共同探索有关软件开发未来发展的理念，并且发表了著名的敏捷宣言，敏捷联盟成立。同年，著名的 Agile Software Development with Scrum发布。

到了2006年，Google、Microsoft、IBM、Amazon、华为等公司在大规模软件开发中开始应用敏捷，掀起敏捷应用热潮。

Lizzy说

在学习敏捷和Scrum的过程中，大家会读到专家的书籍和文章。这里介绍几个著名的专家，当大家遇到问题的时候，可以去网络上搜索这些专家的观点作为最终答案的依据。

- Martin Fowler，Jim Highsmith，两人都是敏捷开发方法的创始人。
- Ken Schwaber，Jeff Sutherland，两人都是Scrum的创始人，也是《Scrum指南》的作者。
- Mike Cohn，敏捷联盟创始人之一，敏捷专家。
- Lyssa Adkins，敏捷专家，著有《指导敏捷团队》一书。

学以致用

你看过这些敏捷专家的书或者文章吗？包括敏捷宣言、《Scrum指南》在内的很多文章和书籍都是免费资源。你可以到网络上搜索阅读。

1.4 敏捷宣言

每本关于敏捷的书似乎都会有一部分专门介绍“高大上”的敏捷宣言，但你可千万别被敏捷宣言这个乍看上去有点儿理想范儿的表述给吓到，以为这是一群生活在象牙塔上的人理想的完美世界。实际情况是，价值观的作者们都是身经百战的项目管理者，他们每天都在各自的实际项目中摸爬滚打。而宣言本身也是为了应对实际项目中的各种情况而高度抽象出来的准则。他们所秉持的信条也都是来自于实践的，所以这些原则才能站住脚，而且每一天你都能感受到这些价值观是如此地适合真实世界里的项目。

老朱和小李继续他们的谈话。

小李：“老朱，我想到我的问题了。你刚刚介绍了什么是敏捷。可是你没有介绍敏捷是怎么实现产品的研发的。我把我的问题表述得更清楚一些：例如瀑布模型，将产品研发分为几个阶段，需求分析、设计、研发、测试。敏捷有没有类似的分阶段呢？你刚才说敏捷的特点是迭代，每个迭代都提交一些增量。那么每个迭代都具体做什么呢？”

老朱：“小李啊，我明白你的问题了。但敏捷和瀑布模型不同啊。我想先给你简单介绍一下敏捷宣言。刚才我给你介绍过在2001年时，17位极客发布了敏捷宣言，成立了敏捷联盟，这对敏捷来说是最为重大的历史事件。敏捷宣言也是敏捷的根本，它由两部分组成，分别是敏捷价值观和敏捷原则。我来逐条给你解释一下敏捷宣言。

- 个体和互动高于流程和工具——敏捷强调‘人’，人最清楚如何完成任务，要尊重人的意见和想法。
- 工作的软件高于详尽的文档——这里强调的是要把重点放在工作的软件上，让文档服务于软件，而不能把工作的焦点放在文档上。
- 客户合作高于合同谈判——和合作方创建良好的合作关系共同解决问题要比逐条谈判合同的细节更重要。
- 响应变化高于遵循计划——我们认为变化是一件好事，项目是流动的，因此项目有变化是正常的，必须随时调整。

敏捷价值观使用‘左侧’高于‘右侧’的格式来表述，既然是‘高于’而不是‘取代’，也就意味着‘左侧’和‘右侧’内容其实都应该考虑，只是‘左侧’比‘右侧’要‘高’。

很多人都说敏捷不需要流程，不需要文档，不需要做计划，是这样吗？答案是：不是。敏捷从来没说不能有这些。而且在实践中没有这些你也不可能做一个项目。”

小李：“这个价值观听起来很有趣。但我感觉它还是没有解决我的问题。有没有什么步骤、流程之类的东西是敏捷项目要做的呢？”

老朱："小李啊，其实敏捷是一种思想。我分享给你的它的价值观和原则就是这个思想的核心。所有符合这个思想的方法都可以被称为敏捷的方法。我理解你想知道的是如何具体去做。Scrum是一种符合敏捷思想的框架。在Scrum当中有一些具体的方法和实践，我以后会和你分享。你不用心急。

敏捷价值观和原则看起来有点儿太抽象，但是随着你对敏捷的了解和工作中遇到各种问题需要解决，你会发现敏捷的价值观和原则会成为你做出选择的最重要的依据。因此，你要收藏好敏捷宣言。"

小李："好的，老朱。待会儿咱们聊完了，我会再仔细看看敏捷宣言，并且把它收藏好。同时，我会把你今天讲给我听的内容，分享给团队成员的。"

图解Scrum

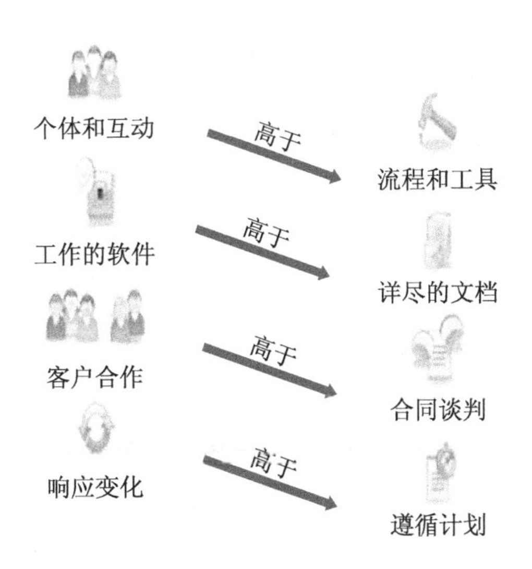

知识小结

敏捷宣言由敏捷价值观和原则组成。敏捷价值观：敏捷宣言遵循的原则——我们遵循以下原则。

- 我们最重要的目标，是通过持续不断地及早交付有价值的软件使客户满意。
- 欣然面对需求变化，即使在开发后期也一样。为了客户的竞争优势，敏捷过程掌控变化。
- 经常地交付可工作的软件，相隔几星期或一两个月，倾向于采取较短的迭代。
- 业务人员和开发人员必须相互合作，项目中的每一天都不例外。
- 激发个体的斗志，以他们为核心搭建项目。提供所需的环境和支援，辅以信任，从而达成目标。
- 不论团队内外，传递信息效果最好效率也最高的方式是面对面的交谈。
- 可工作的软件是进度的首要度量标准。
- 敏捷过程倡导可持续开发。责任人、开发人员和用户要能够共同维持其步调稳定延续。
- 坚持不懈地追求技术卓越和良好设计，敏捷能力由此增强。
- 以简洁为本，它是极力减少不必要工作量的艺术。
- 最好的架构、需求和设计出自组织团队。
- 团队定期地反思如何能提高成效，并依此调整自身的举止表现。

Lizzy说

国内很多朋友都会和我抱怨“敏捷太理想主义了”“敏捷不切实际”，这里要为敏捷辩护一句：真的不是敏捷本身不切实际，而是你们实际工作中实践敏捷的人没有了解到它的真谛。不是敏捷害死人，而是“假”敏捷害死人。那些被假敏捷害得为了每两周发布一次而天天加班的人，请了解，不论是敏捷还是Scrum都没有要求必须每两周发布一个版本给最终用户。

学以致用

你所参与或者了解的项目是如何实践敏捷宣言的呢？有没有值得分享的实践经验呢？有没有哪些实践是和敏捷宣言所提倡的思想相违背的呢？ 如果有，能否分析一下原因和纠正办法吗？

1.5　敏捷之伞

在维基百科里，将Agile 软件开发方法定义成：“是一组从20世纪90年代开始逐渐引起关注的新型软件开发方法，可以应对快速变化的需求”。那敏捷的方法都有哪些？

喝了一杯茶以后，小李继续和老朱讨论敏捷的知识。

老朱：“小李，你有没有注意到刚才我给你的介绍里提及敏捷的方法有很多，Scrum只是其中一种？”

小李：“嗯。据我所知，极限编程、Kanban好像也是敏捷的方法。我的说法对吗？”

老朱：“嗯，不错啊，小李。你还知道极限编程和Kanban。”

小李：“哈哈。我昨天回家了解了一下。但是说实话，我不太明白，这些方法都是做什么的，彼此之间有什么关系？如果我们用Scrum，是说其他的方法就不需要用了吗？我之前了解过一些极限编程的实践，例如测试驱动研发技术，这个技术可以和Scrum一同使用吗？”

老朱：“我帮你简单介绍一下敏捷的这些方法，然后再回答你的问题。我会引入一个敏捷之伞的概念，意思就是说在敏捷方法这个大概念之下，我们将具体的敏捷方法分为两大部分。你看看下面的图和理论知识就明白了。”

图解Scrum

Scrum
Lean software development
Kanban (process+method)
Extreme Programming (XP)
Continuous Integration (CI)
Continuous Delivery (CD)
Feature Driven development (FDD)
Test Driven Development (TDD)
Crystal Clear
…

轻量级方法

Scrum-of-Scrums
Scrum at Scale (Scrum@Scale)
Large-scale Scrum (LeSS)
Scaled Agile Framework (SAFe)
Disciplined Agile Delivery (DAD)
Dynamic Systems Development Method (DSDM)
Agile Project Management (AgilePM)
Agile Unified Process (AUP)
Open Unified Process (OpenUP)
…

全面的方法（至少一个团队）

知识小结

按照敏捷之伞的划分，可以将敏捷的各种方法分为两个部分。一部分是轻量级的方法（可以简单地理解为服务于单个团队的方法），另一部分是服务于多个敏捷团队的方法。

在轻量级方法中，又可以从方法解决的问题这个角度将它们分为两类，其中，Scrum、Kanban都是生产产品的框架，用于产品开发或工作管理。而XP（极限编程）、FDD（特征驱动开发）则是工程实践类的方法。

敏捷之伞的另外一部分是服务于多个团队的方法，根据不同的项目规模和团队之间工作的耦合度，有多个方法来协调多个敏捷团队的协同工作（如SAFe、Scrum-of-Scrums、LeSS等）。

Scrum：作为最受欢迎，使用最为广泛的敏捷方法，Scrum是一种迭代的增量化过程，用于产品开发或工作管理。它是一种可集合各种开发实践的经验化过程框架。Scrum项目中发布产品的重要性高于一切。接下来的章节中将仔细介绍Scrum。

Kanban：Kanban是一种源于丰田精益化管理的方法，它是仅次于Scrum的另外一种敏捷软件开发的框架方法。它有以下特点：流程可视化，限制WIP（Work In Progress，在制品数量），度量生产迭代（没有固定时长的迭代）。相对于Scrum更适于开发新产品，Kanban则更加适合于运营维护团队实施敏捷时使用。

XP：XP（极限编程）的思想源自Kent Beck和Ward Cunningham在软件项目中的合作经历。XP注重的核心是沟通、简明、反馈和勇气。因为知道计划永远赶不上变化，XP无须开发人员在软件开始初期写出很多的文档。XP提倡测试先行，为了将以后出现bug的概率降到最低。在XP的12个团队实践中，TDD（软件驱动开发）是其中之一。它的原理是在开发功能代码之前，先编写单元测试用例代码，测试代码确定需要编写什么产品代码，即通过测试来推动整个开发的进行。

FDD：FDD（Feature-Driven Development，特性驱动开发）由Peter Coad、Jeff de Luca、Eric Lefebvre共同开发，是一套针对中小型软件开发项目的开发模式。此外，FDD是一个模型驱动的快速迭代开发过程，它强调的是简化、实用、易于被开发团队接受，适用于需求经常变动的项目。

Scrum-of-Scrums：SoS（Scrum of Scrums）是一种管理大型Scrum团队的技术（团队多于12人，被划分为5~10人一组的Scrum小组）。每一个小组都选出一名代表成员去参加所在团队的每日会议（也叫作Scrum of Scrums会议）。根据不同团队的需求，这些代表可以是工程师或ScrumMaster。通过Scrum of Scrums会议达到小组之间的信息同步，解决问题的目的。

SAFe：SAFe（The Scaled Agile Framework）是一个企业级的敏捷管理框架，适用于管理大型的Scrum团队。SAFe框架提供了三层管理模型，分别由项目组合、项目集、实施团队构成。

看了这些理论知识，小李面露难色……

小李：“好多方法啊……”

老朱："小李你不必觉得紧张，这些知识你只要了解就好。我们目前转型用不到的方法，你不用花时间去学习。把Scrum学习清楚就可以了。"

小李："嗯，这样的话就好啦。我还有个问题，说了这么多方法，但作为初学者我还是感到很迷惘，不知道这些方法在实践层面是如何组合应用的。能给我举个例子吗？"

老朱："好啊。我给你举个例子。有一家生产金融软件产品的公司，在年初他们决定转型为敏捷团队，他们做的第一步是组成一个Scrum试点团队。他们分别从开发、测试、运维、产品等部门抽调人员组成了一个Scrum的跨职能团队，包括产品负责人、ScrumMaster和开发团队。为了支持快速的发布和稳定的产品质量，在工程师的开发工作当中，他们采用了结对编程、测试驱动开发等极限编程的实践。

经过了一段时间的敏捷实践，公司认可了试点团队的工作，决定继续扩大敏捷方法的使用范围。于是公司将有Scrum项目经验的试点团队成员平均分配成两组，又从各个部门抽调新人员，并且将新成员补齐到这两组中，这两组Scrum团队共同开发一个产品的新特性。此时，为了能够协调两个共同在一个项目上工作的Scrum团队的工作，公司选择了Scrum-of-Scrums的方法来管理大型的Scrum团队。

公司预计在未来的两年里，使用敏捷方法的项目和团队会继续扩大，为了管理更加庞大的敏捷团队，公司正在计划并准备使用SAFe来进行管理。"

小李："哦，根据团队需要来选择相应的方法，是这个意思吧？"

老朱："对。其实Scrum经常和Kanban方法混合使用。但是在转型初期，我们不必考虑这些，先转型，做好Scrum就好了。"

小李："好的，我明白了。"

老朱："今天我们就聊到这里吧。按照合同，我这一周每天都只能在你们公司待半天，下午的时间正好你能处理工作，把知识分享给团队。我再给你留个作业：除了把我提供给你的理论知识分享给团队以外，请你总结一下今天我们的讲解，列出你认为最重要的知识点给团队其他成员作参考。"

小李："好的，老朱。我会做作业的。明天见。"

Lizzy说

符合敏捷思想的方法就都是敏捷方法，方法本身没有好坏之分，只看哪种方法更加适合当前项目的需要。请记住，永远不要盲目地为了Scrum而Scrum。

学以致用

你知道哪些敏捷方法和技术吗？能否尝试把它们也列在敏捷之伞里面并且说出它们是什么吗？

小李的作业：

- 敏捷方式的核心思想在于迅速把产品投放给用户来为公司带来盈利，敏捷的特点是迭代和增量。
- 2001年，包括Martin Fowler 和 Jim Highsmith在内的17名极客在美国犹他州的雪鸟滑雪山庄，共同探索有关软件开发未来发展的理念，并且发表了著名的敏捷宣言，敏捷联盟成立。

- 敏捷宣言由两部分组成，分别是敏捷价值观和敏捷原则。
- 按照敏捷之伞的划分，可以将敏捷的各种方法分为两个部分。一部分是轻量级的方法（可以简单地理解为服务于单个团队的方法），另一部分是服务于多个敏捷团队的方法。
- 在轻量级的方法中，又可以从方法解决的问题这个角度将它们分为两类，其中，Scrum、Kanban都是生产产品的框架，用于产品开发或工作管理；而XP、FDD则是日常实践类的方法。

1.6 敏捷怎么工作

在之前的章节里我们定义：敏捷方法的核心思想在于迅速把产品投放给用户为公司带来盈利，敏捷的特点是迭代和增量。即敏捷通过迭代的方式来开发软件，从项目开始阶段逐步发布软件增量，与之相对应的是瀑布模型在项目最后才生产出所有产品。那敏捷的项目是怎么工作的呢？每个迭代的增量都是些什么呢？

一早，小李在公司楼下的咖啡店碰到了老朱。

小李："早啊，老朱。我已经完成了昨天你交代给我的任务。昨天晚上，我又仔细地回顾了一遍你分享的知识。昨天关于增量内容那个问题，你别再卖关子了。赶快讲给我听听，到底每个迭代中提交的增量是怎么实现的吧。”

老朱：“哈哈，小李，表面上看你的问题是增量的工作内容是如何实现的，其实你的问题是敏捷是如何工作的。我们上楼去，到了办公室我给你仔细讲解一下敏捷是如何工作的。另外，你的作业做得不错，以后如果团队里的成员问你问题，你就可以按照你作业里总结的那样回答他们了。”

来到办公室，老朱开始给小李讲解敏捷是如何工作的。

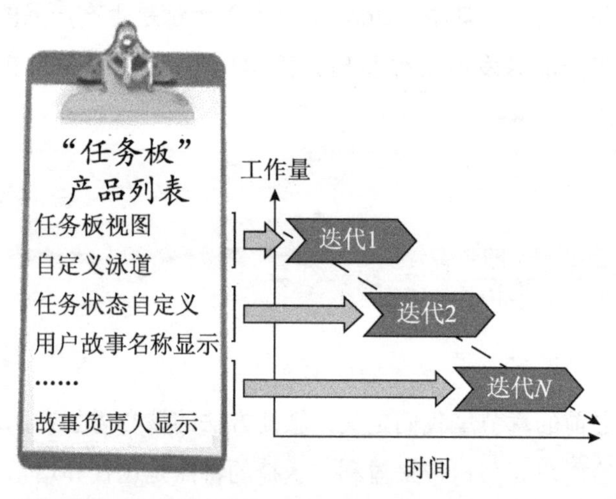

老朱：“拿我们今年要开发的新功能任务板来举例子。我们要如何应用敏捷的方式来完成这个项目呢？

1. 创建一个任务列表

项目组需要和产品负责人一起讨论，并且由产品负责人创建一个关于‘Scrum电子任务板’应包括的功能列表。在这里我们使用用户故事技术来描述这些功能，我们称每一个要完成的功能为一个故事。

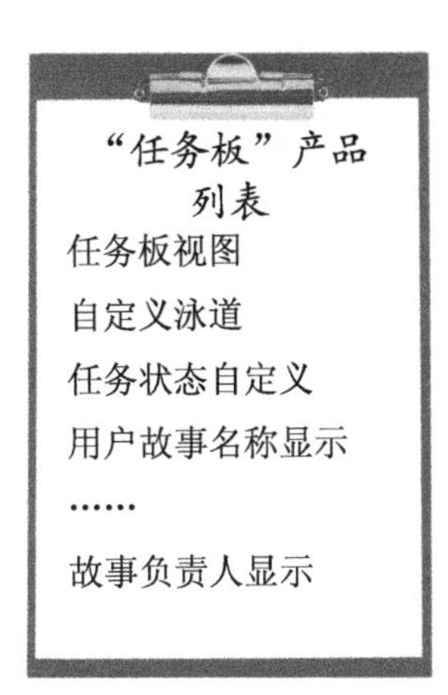

2. 给任务标记工作量大小

使用敏捷的估算技术，给这些故事标记彼此之间相对的任务量大小并且估算完成这些故事需要的时间。

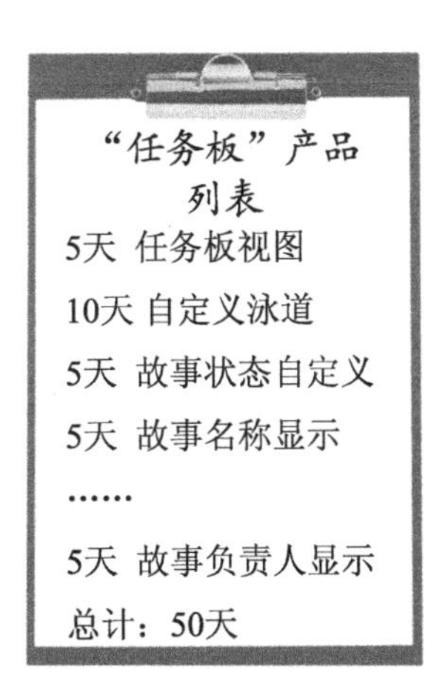

3. 给故事设置优先级

和其他工作列表一样，我们似乎总是有很多的工作要做，而时间却总是不够用。因此，项目组需要和产品负责人确认每一个故事的优先级，以便保证一直处理高优先级的任务。

"任务栏"产品
列表
5天 任务板视图
5天 故事名称显示
5天 故事负责人显示
10天 自定义泳道
5天 故事状态自定义
……
总计：50天

4. 开始执行

然后，团队就开始工作了，他们从优先级最高的任务开始，逐个向下，一个接着一个做。他们计划，开发，然后从客户那里收集反馈。

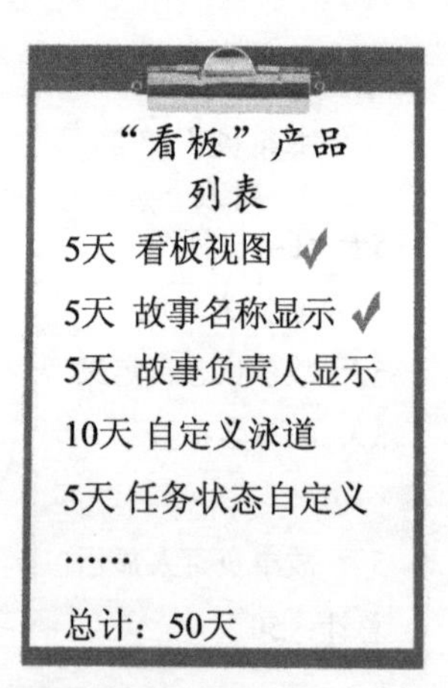

5. 根据项目实际情况更改计划

在项目进行中，团队先后碰到了以下两种情况。

（1）项目进行得比预期中要快。

（2）有太多事情要做，时间不够用。

此时，团队可以有以下两个选择。

（1）少做一些，缩减一部分功能范围（推荐的做法）。

（2）加紧做，加班也要做完。

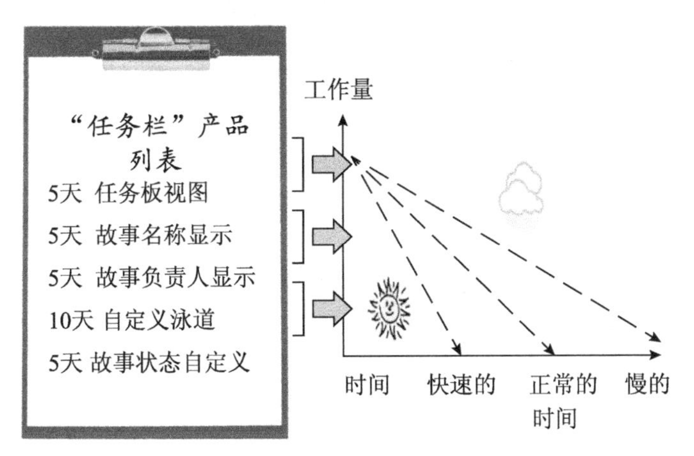

小李："哦，原来是这样的。那么工作结构分解图（WBS）和工作计划之类的在哪里？"

老朱："哈哈，小李，WBS、工作计划以及很多其他的文档都是瀑布模型下需要准备的文档。在敏捷当中，产品列表会取代很多过去的文档。"

小李："好吧。看来敏捷和瀑布有很大的区别呢。"

……

老朱："小李啊，我们需要准备评估结果了。老王要求我们评估项目团队是否适合转型敏捷，按照之前我们的讨论，你认为我们的评估应该包括哪些内容呢？"

小李："嗯。用户需求是否不确定，技术需求是否不确定，团队是否愿意转型，团队成员是否接受了足够的培训……我就能想到这么多了。"

老朱："不错啊，小李。你先记下这些，我们今天讲完了以后再把所有的评估点总结完整。"

图解Scrum

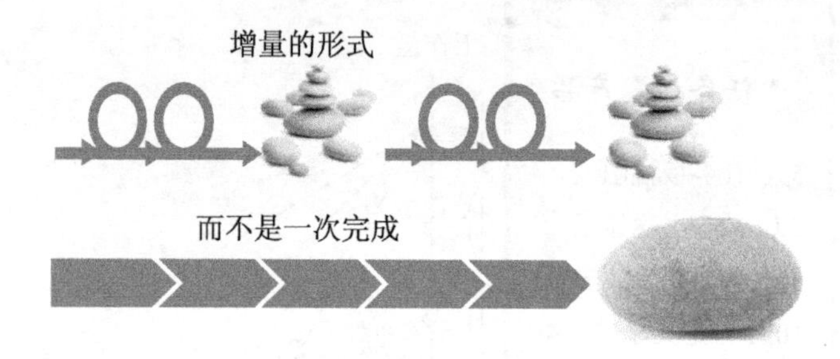

知识小结

敏捷的工作方式：

将项目要实现的产品功能分解成一些小的产品功能（最常用的描述这些产品功能的技术就是用户故事），并且给这些产品功能条目排列优先级，然后在被称为迭代的一段时间迭代里逐一完成这些功能。

Lizzy说

敏捷方法打破了原有开发项目分阶段，到项目最后阶段才最终得到产品的开发方式。敏捷方法从一开始就开发"故事"，并且拥抱项目中的变化尽快做出调整。

学以致用

你现在所在的项目是否适合敏捷的工作方法呢？如果使用敏捷

的工作方法，你所在的项目要怎么做呢？请你想一想，并且尝试将项目的工作流程写在纸上。

1.7 敏捷和瀑布模型的区别

瀑布模型是一个迭代模型，一般情况下将其分为计划、需求分析、概要设计、详细设计、编码以及单元测试、测试、运行维护等几个阶段。瀑布模型的迭代是环环相扣的。每个迭代中交互点都是一个里程碑，上一个迭代的结束需要输出本次活动的工作结果，本次活动的工作结果将会作为下一个迭代的输入。这样，当某一个阶段出现了不可控的问题的时候，就会导致返工，返回到上一个阶段，甚至会延迟下一个阶段。

小李："接着刚才的话题，老朱。我感觉瀑布和敏捷有很大的区别。你能帮忙明确指出一下它们的区别吗？"

老朱："可以啊。不过小李，为了回答你的问题，我需要你先分析一下去年项目遇到的问题。"

小李："去年我们的那个项目，在需求和技术层面都在不断地变化，而由于瀑布模型无法应对这些变化，才为我们带来了各种问题。具体的有如下体现。

（1）项目无法应对变化——在项目运行过程中，项目经理改变产品的功能，而这为团队带来了巨大的麻烦，团队根本无法在瀑布模型下应对变化（虽然也有变更管理的流程，但是如果是少量的变化还可以应付，可是面对大量的变化‘变更管理’的流程根本无法工作），团队疲于奔命却仍旧无法赶上节奏。

（2）可见性不高——当项目在时间上进行到了一半时间的时候，团队的感觉就是并没有像使用了一半的时间那样完成一半的工作量，而到底还剩下多少工作需要完成团队并不知道，因此只能靠加班来解决，填补这个‘无底洞’。

（3）质量不高——即使团队成员加班赶工，但到了项目末期好不容易把所有的功能都开发完成的时候，留给测试的时间已经所剩无几。测试人员面对着巨大的测试工作量和发布压力，根本无法保证产品质量就只能匆匆发布测试报告。

（4）风险太多——质量不可控，变化不可控，时间不可控，这一切的风险即使都被记录到风险控制列表当中也无法防止发生。再好的风险规避计划、测试计划、变更管理和时间计划也无法预防由于开发方式和项目本身特点所带来的重大风险。”

老朱：“为了彻底解决项目的问题，使用更加适合项目特点的敏捷方法是最合理的选择。

敏捷有以下特点：

- 需求分析，设计，编码和测试的工作是持续进行的。
- 产品开发过程是迭代的。
- 计划更加灵活，可以调整。
- 项目成员为了同一个目标努力，做出力所能及的奉献；而不强调‘角色’的分工和明确的职责划分。
- 拥抱变化，及时调整。
- 交付可工作的软件是最重要的衡量项目是否成功的标志。”

小李：“嗯！这样的话敏捷就完全不同于瀑布，可以避免瀑布的这些缺点了。”

老朱：“你说得很对，小李。敏捷是迭代的，不是顺序的，它强调透明，拥抱变化，强调团队目标而非个人主义，它更加灵活，更加关注于可交付的产品而非任务。”

小李：“嗯！”

老朱：“有了这些知识。接下来，我可以给你介绍Scrum了。”

图解Scrum

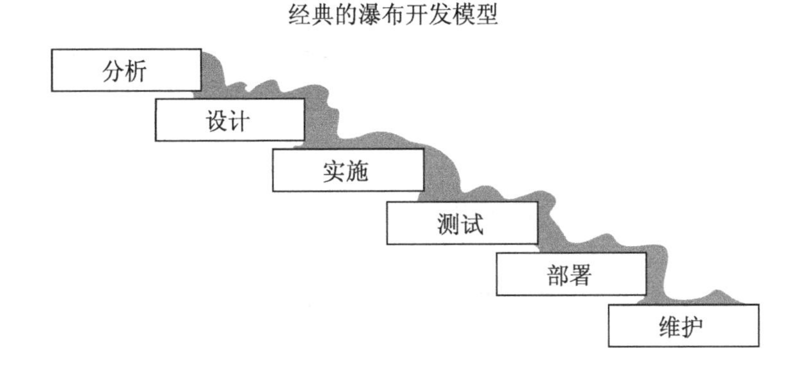

知识小结

传统的瀑布模型项目面临着质量、可见性不高而风险太多，无法应对变化的问题。与之相比，敏捷的方法持续地迭代，更加灵活且拥抱变化。

1. 质量不高

当发现项目已经没有钱和时间的时候，测试已经成为唯一剩下的还没做的事儿。这就意味着项目必须剪掉测试的时间和预算，因此，产品质量就必定出问题。

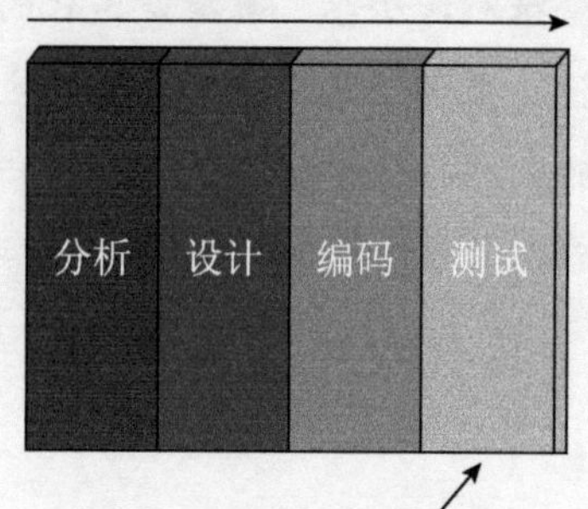

2. 可见性不高

因为直到项目最后才能看到产品，在瀑布模型的项目里，你永远不知道你真正在哪儿。项目的最后20%经常会花费80%的时间。

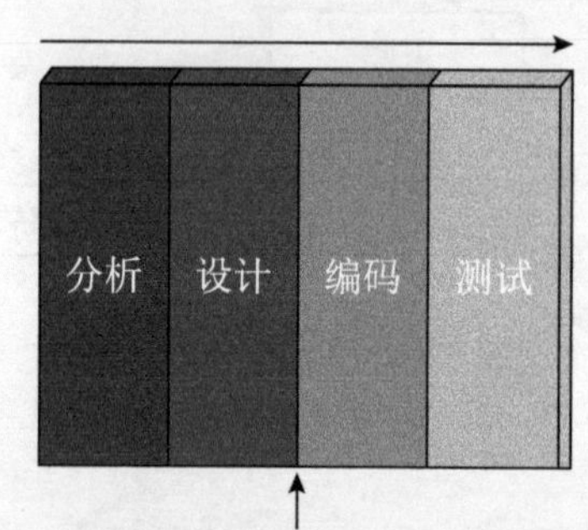

3. 太多风险

在项目一开始你就有风险：首先，你有时间安排上的风险，因为你永远不知道项目会在什么时候完成；接下来，你有技术上的风险，因为你只有在项目最后的测试阶段才会知道你的设计和构架问题；最后你还有产品上的风险，因为你根本不知道你是否开发出了一个正确的产品，直到项目后期无论做任何变更都已经太晚了。

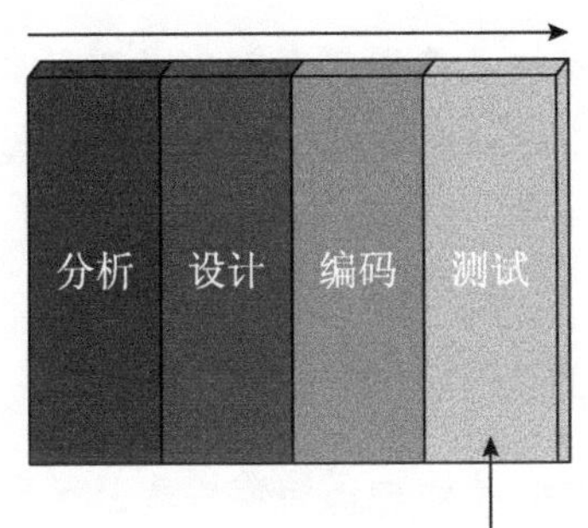

4. 无法应对变化

最重要的一点，瀑布模型无法应对变化。瀑布模型是一个迭代模型，一般情况下将其分为计划、需求分析、概要设计、详细设计、编码以及单元测试、测试、运行维护等几个阶段。瀑布模型的迭代是环环相扣的。每个迭代中交互点都是一个里程碑，上一个迭代结束时输出的工作结果是下一个迭代活动的输入，本次活动的工作结果将会作为下一个迭代的输入。这样，当某一个阶段出现了不可控的问题的时候，就会导致返工，返回到上一个阶段，甚至会延迟下一个阶段。

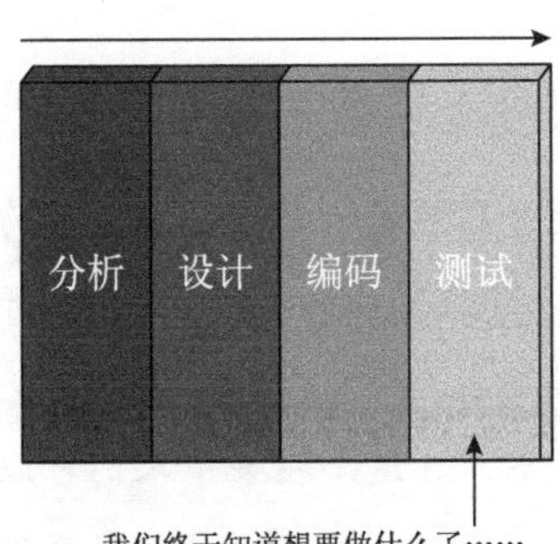

Lizzy说

敏捷并不像万能的灵药那样可以推广到所有的项目当中。如果你的项目在瀑布模型下风险可控，那么瀑布模型仍旧是一个不错的选择。

学以致用

瀑布模型的项目会遭遇的问题你的项目中招了几个？你的项目更加适合瀑布模型的开发方式还是敏捷？

1.8 什么是Scrum

竹内弘高和野中郁次郎使用橄榄球和争球（Scrum）的隐喻描述产品开发：产品开发的“接力赛”方式……可能和要求最快、最灵活的目标有冲突。一种整体方法或“橄榄球”方法（即团队作为一个整体打完比赛，来回传球），也许能够更好地迎合当下的竞争需求。

老朱：“Scrum是目前敏捷体系里应用最为广泛的生产产品的框架，我们的敏捷转型就可以从转型到Scrum开始。这个框架的特点非常适合我们的项目。

Scrum是一个框架，在这个框架中人们可以解决复杂的自适应难题，同时也能高效并创造性地交付尽可能高价值的产品。

我还是用我们马上要开始的‘任务板’项目来说明Scrum项目这种迭代增量的开发方式。

Scrum项目在时间上被划分为若干个冲刺，每个冲刺一开始团队都会从产品列表中选择一些用户故事放入冲刺列表。然后，团队开始在这些用户故事上工作。在冲刺结束的时候，团队提交潜在可发布的增量。接下来，下一个冲刺开始，并以此类推，冲刺1，冲刺2，……，所谓冲刺（可以把它理解为Scrum里面对迭代的称呼），就是一个固定的时间长度，当时间一到冲刺即结束。

对于电子任务板项目来说，如果我们使用Scrum方法来开发，会经历大概如下这样的过程。

冲刺开始前的工作：

（1）组建Scrum团队。

（2）首先确定冲刺长度是两周。

（3）准备好产品列表。

冲刺当中的工作：

（1）计划：团队从产品列表中选择优先级最高的两个（具体几个取决于团队的能力和故事的难度）用户故事‘任务板视图’和‘故事名称显示’。

（2）工作于这两个故事（召开每日站会以便团队随时进行检视和调整）。

（3）在冲刺结束前完成这两个功能，提交潜在可发布增量（也许立即发布，也许以后发布，什么时候发布取决于产品发布策略）。

（4）召开评审和回顾会议。

下一个冲刺。

……”

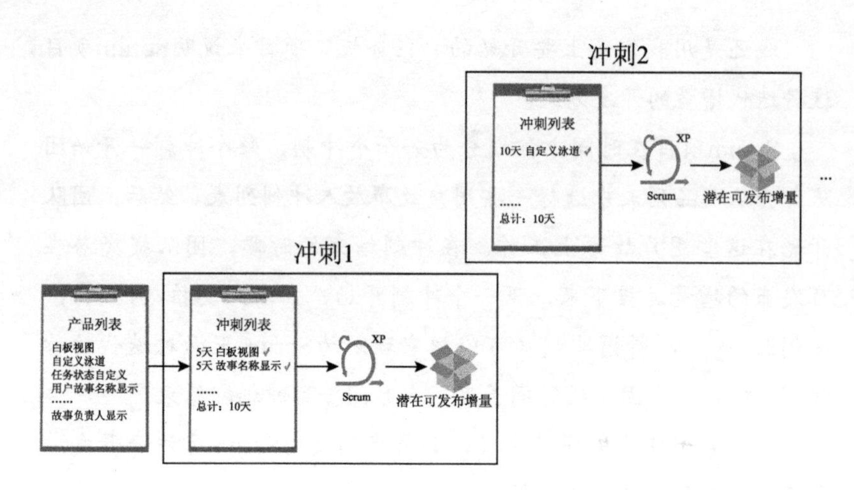

小李：“嗯！我了解Scrum的大致思路了。能具体介绍一下这个框架吗？”

老朱：“当然啦，我接下来会为你介绍Scrum框架。”

图解Scrum

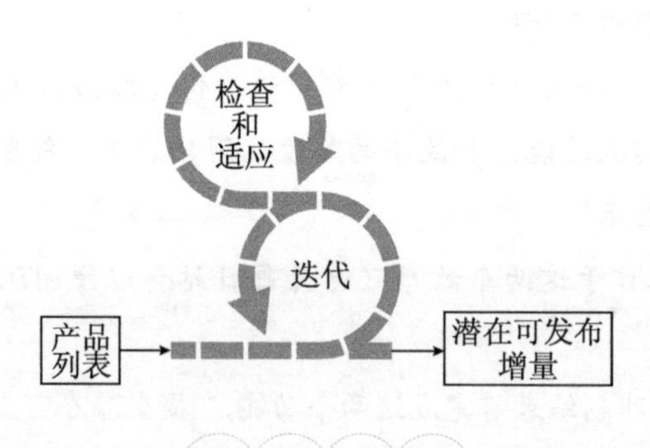

知识小结

《Scrum指南》中对于Scrum给出了这样的定义：Scrum是一个框架，在此框架中人们可以解决复杂的自适应难题，同时也能高效并创造性地交付尽可能高价值的产品。

Scrum作为一个框架，它的最大特点就是迭代和增量。

项目以一个迭代接着一个迭代的方式运转，每个迭代的产出就是产品增量。在迭代当中，项目组每天都进行检查和调整。每个迭代的工作内容就是实现产品列表上的功能。

Scrum的工作方式：在每个迭代开始的时候，Scrum团队找出他们要做的产品列表条目。然后开始在这些条目上工作。并且在迭代结束的时候完成这些条目成为潜在可发布的产品增量（关于潜在可发布的定义请参见附录A）。

在日常开发中，我们经常定义迭代名为Sprint 1、Sprint 2、…、Sprint *N*，这里Sprint的英文原意是冲刺的意思，所以对应的Sprint 1、Sprint 2中文称呼就是冲刺1、冲刺2。

Lizzy说

国内很多使用Scrum的朋友抱怨敏捷两周发一个新版本实在是害死人，以前就天天加班，上了Scrum以后，每两周发的时候更是加班到深夜。其实并不是Scrum说每个迭代都要发布版本的，Scrum只是说每个迭代时可以提供“潜在”可发布增量。至于到底要几个冲刺才发布一个版本，要根据团队和产品的成熟度而定。当然，如果每个冲刺都可以发布版本那样最好。但是，如果不具备这样的条件，那么还是选择多个冲刺后再发布更加合理。

学以致用

Scrum里对迭代的称呼是什么？每个Scrum的迭代持续多久？每个迭代团队的输入和输出都是什么？

1.9 Scrum框架

最初，Scrum框架的提出是为了管理和开发软件产品。但自从它创建以来，Scrum已经在全球范围内的各个领域得到了应用。根据2017年Scrum联盟的最新调查报告，Scrum的应用已经遍及IT、金融/银行、健康、咨询服务、保险、政府、通信、教育、娱乐、制造、零售、科研、旅游和医疗等领域。在组织中，更是涉及IT、产品、运营、销售、市场、教育和人力部门。

老朱："小李，我推荐你阅读一下《Scrum指南》。作为Scrum最为权威的说明，它并不长但是却包括Scrum的所有核心概念。作为入门者，从《Scrum指南》开始学习是一个非常好的选择。

接下来我要为你介绍Scrum中涉及的概念，有点儿枯燥，但是请耐心听一下。随着更加深入的学习，我会逐一介绍这些概念，今天的这次介绍你只要对Scrum的整体框架有初步的了解就达到目的了。

Scrum通过三个角色——产品负责人、ScrumMaster、开发团队——来完成一系列的流程：计划会议，每日站会，评审会议，回顾会议，工件，产品列表，冲刺列表，潜在可交付产品增量以实现迭代，增量开发。

产品负责人是有授权的产品领导力核心，一方面他担任着产品经理的角色以确保能开发出正确的解决方案，另一方面他还必须和开发团队交流以保证特性的接受标准有明确的说明（用户故事）并且已经满足后续需要运行测试验收的标准，以确保特性完成（业务分析师和测试人员的部分工作）。这个角色责任重大，负责构建正确的产品。

ScrumMaster负责帮助每个人理解并乐于接受Scrum的价值观、原则和实践。对开发团队和产品负责人来说，ScrumMaster履行的是教练、过程领导的职责。他负责帮助团队和组织其他成员发展具有组织特色的、高效的Scrum方法。

开发团队是主任工程师、开发、测试工程师、数据库管理员、界面设计工程师和其他传统软件开发方法当中定义的不同工作类型的所有类型的人的跨职能的集合。开发团队负责用正确的方法构建产品。

冲刺（Sprint）是Scrum的核心，它的持续时间为一个月或者更短（两周的Sprint长度在实践中是最为广泛的），在这段时间内构建产品增量。在整个开发过程中，Sprint的长度都应该尽量保持一致。前一个Sprint结束后（以持续时间结束为标准来结束Sprint），下一个新的Sprint紧接着立即开始。

潜在可发布产品增量：在冲刺结束时，团队应当得到一个潜在可发布产品（或者产品增量）。如果业务上适合，就可以发布；如果不适合在每次冲刺后发布，可以把多个冲刺的一组特性合并在一起发布。

产品列表：是一个按优先级排序的、有粗略估算的、成功开发产品所需特性及其他功能的列表。在产品列表的指导下，我们总是先做优先级最高的条目。换句话说就是，当一个冲刺完成时，已完成的条目都是优先级最高的。

冲刺计划会：一般情况下，产品列表中的工作量远远不是一个短期冲刺内能够完成的。所以冲刺开始时，团队需要制订计划，说明在下一个冲刺中要创建产品列表中的哪几个高优先级的特性（产生Sprint列表）。

Sprint列表（Scrum Guide中也称之为Sprint待办列表）：是一组当前Sprint选出的产品待办列表项，同时加上交付产品增量和实现Sprint目标的计划（包括每个待办列表项完成所需要的估算等）。

冲刺评审会和回顾会：在冲刺结束时，团队与利益干系人一起评审已经完成的特性，获得它们的反馈，产品负责人和团队既可以对下一步工作内容进行修改（在评审会上），也可以修改以前的工作方式（在回顾会上）。评审会上，如果利益干系人在看到一个完成的特性时，意识到自己没有考虑到另一个必须包含在产品中的特性，此时，产品负责人只需要建立一个代表该特性的新条目，并把它以适当的顺序插入产品列表，留到后面的冲刺中完成。回顾会上，如果开发团队在回顾冲刺过程中，意识到自己没有考虑到依赖风险导致开发过程不必要的等待时，开发团队可以提出下一冲刺计划会上考虑依赖风险并做好相应的控制。

每日站会是整个Scrum里面非常有特点的一个会议。它是开发团队的一个时间限制在15分钟以内的会议（时间盒=15分钟）。名副其实，每日站会需要每天都举行。这个会议的目的是实现开发团队每天对完成Sprint目标的进度和Sprint待办列表的工作进度趋势的检视，并且做出相应的调整和适应。”

小李：“老朱，好多概念啊……我能听懂，但是不明白实践层面是怎么做的。你能给我举个例子吗？”

老朱：“还拿我们的‘电子任务板’项目举例子。如果要搭建一个Scrum团队来完成这个项目。我们需要这样做。

首先，指定团队的角色。我这里胡乱找些名字来说明哈。产品负责人是Charlie，ScrumMaster是Lizzy，开发团队包括James，Dave，Amy，Linda（测试工程师）。

然后，产品负责人Charlie根据对客户需求的收集和研究，确定了电子任务板项目的产品列表。

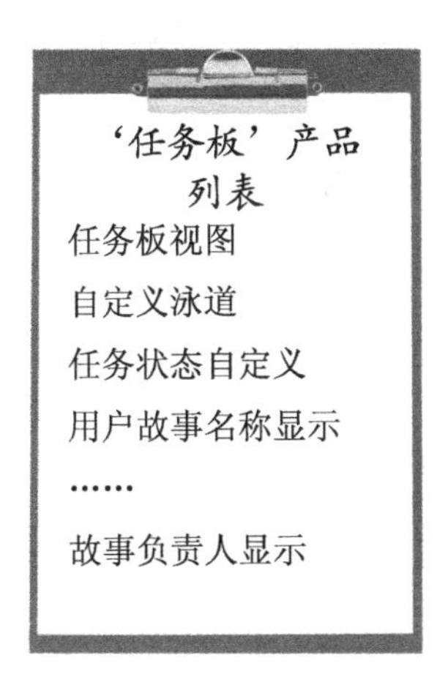

ScrumMaster——Lizzy在正式开始Sprint 1之前和团队一起确认了Sprint的长度，开始和结束时间，各个会议的具体时间和与会人员，产品列表和Sprint列表中所应该包括的内容等。在Sprint 1 开始的第一天上午，Lizzy按照与大家的约定组织召开项目组的第一个计划会议。在计划会议上，产品负责人Charlie向开发团队解释了产品列表当中优先级最高的几个用户故事，并且表示这些用户故事是他希望可以尽快完成的功能。在会议上，开发团队的工程师们向Charlie提出了用户故事对应的一些功能性的问题。在对功能清晰以后，ScrumMaster指导开发团队开始对每一个用户故事的工作量进行估算。Lizzy帮助大家澄清如何才能进行正确的估算，估算后的结果如何记录，估算和实际工作量之间的关系等问题。测试工程师Linda对James、Dave和Amy表示为了能够按时完成所有用户故事，他们不能在Sprint后期才完成所有的用户故事，相反他们应该在Sprint当中一个一个地交付用户故事给测试。而且在Sprint结束至少提前一天，他们就必须把所有的用户故事完成以便Linda可以按时完成所有任务。James，Dave和Amy表示赞同并且对Linda做出了承诺。经过计划会议上充分的讨论，最后开发团队确定了产品列表当中三个优先级最高的故事的工作量估算，并且根据对团队能力的估计确认团队在Sprint 1当中可以承诺完成前两个用户故事。

‘任务板’产品列表
5天 任务板视图
5天 故事名称显示
5天 故事负责人显示
自定义泳道
故事状态自定义
……

‘任务板’产品列表
5天 任务板视图 ✓
5天 故事名称显示 ✓
5天 故事负责人显示
10天 自定义泳道
5天 故事状态自定义
……
总计：50天

第二天一早，按照之前的约定，ScrumMaster组织开发团队召开每天一次的15分钟站会。所有的开发团队成员都按时来到项目看板前，大家轮流向团队中其他成员介绍自己过去一天的工作和今天计划做的工作，有些人遇到了问题也会在会议上提出来。ScrumMaster为大家计时确保会议不会超过15分钟。就这样团队每天周而复始地利用站会来检视和调整Sprint当中的各种工作和问题。

在Sprint 1的最后一天下午，ScrumMaster召集包括产品负责人和开发团队所有成员，以及项目相关的干系人在内的所有人召开产品评审会议，在这个会议上产品负责人对开发团队在过去两周内开发的两个可交付的用户故事‘看板视图’和‘故事名称显示’组成的增量进行验收，项目相关干系人也有机会向项目组提问和交换信息。最后，项目经理认可了开发团队提交的功能。

接着ScrumMaster组织开发团队召开项目回顾会议，在会议当中开发团队在ScrumMaster的指导下分析在过去的Sprint 1当中，做得好的地方，做得不好的地方以及需要改进的地方。在会议结束之前，他们选出了一条下个Sprint可以做的事情并且准备把这一条事情放入到下个Sprint的目标中以便团队可以实施这个改进（除了完成功能提交增量，Sprint的目标也可以包括团队在流程上的调整）。

在这个团队的故事当中，我们看到产品负责人、ScrumMaster和开发团队各自完成自己的工作，通过计划会议、每日站会、评审和回顾会议来计划、执行、评审、总结工作，在Sprint之初团队一起以产品列表为基础讨论产生了Sprint待办列表，并经过整个Sprint的努力工作把写在纸上的功能需求变成了实际可工作的软件。”

小李：“嗯，讲个例子我就明白这些概念具体是怎么实践的了。”

……

老朱：“小李，我们现在可以继续讨论评估所应包括的内容了。之前，你提到了用户需求是否不确定，技术需求是否不确定，团队是否愿意转型和团队成员是否接受了足够的培训。我们再继续讨论一下，还有哪些因素需要评估呢？”

小李：“应该还包括是否有领导支持吧。这个应该也挺重要的吧？”

……

最终，老朱总结出了团队转型的评估要素（见下表）。

Scrum转型评估表

事项	分值					
1. 项目以按时上线并且获得最终用户的认可为成功标准	1	2	3	4	5	6
2. 项目的需求及技术快速变化	1	2	3	4	5	6
3. 项目需要拥抱变化并且根据变化快速调整工作优先级	1	2	3	4	5	6
4. 潜在转型团队成员有意愿转型	1	2	3	4	5	6
5. 公司上层领导支持敏捷转型	1	2	3	4	5	6
6. 用户可以接受持续学习并且容忍错误	1	2	3	4	5	6
7. 以往团队的项目已经遭到无法更糟糕以致团队可以承受敏捷转型的失败	1	2	3	4	5	6
8. 项目是公司的重要项目	1	2	3	4	5	6
9. 项目相关的其他利益相关人不会对Scrum转型造成负面影响	1	2	3	4	5	6

其中，1表示完全不符合，6表示完全符合。

分数<27：项目不适合转型。

27<分数<40：项目适合转型。

分数>40：项目非常适合转型。

小李：“老朱，这个评估表格的大部分条目我能理解。但是第7条、第8条我实在是不明白。你能帮忙解释一下吗？”

老朱：“关于第7条，小李你想一想，如果你以前的项目做得很糟糕，感觉已经无药可救了，那么转型带来的变化再糟也不会比以前更糟了，对吧？所以说，在这种团队里面进行转型是非常合适的选择。

关于第8条，因为试点团队的转型对公司未来整体转型具有重要意义，所以我们建议一定要在重点项目里进行试点，这样才能暴露问题。在非重点项目中进行转型，无法积累足够的经验，也无法引起足够的重视。”

老朱和小李一起对项目及团队进行了评估。评估结果是目前团队非常适合Scrum转型。以下是小李团队的评估结果。

Scrum转型评估表

事项	分值					
1. 项目以按时上线并且获得最终用户的认可为成功标准	1	2	3	4	√5	6
2. 项目的需求及技术快速变化	1	2	3	4	√5	6
3. 项目需要拥抱变化并且根据变化快速调整工作优先级	1	2	3	√4	5	6
4. 潜在转型团队成员有意愿转型	1	2	3	√4	5	6
5. 公司上层领导支持敏捷转型	1	2	3	4	√5	6
6. 用户可以接受持续学习并且容忍错误	1	2	3	4	√5	6
7. 以往团队的项目已经遭到无法更糟糕以致团队可以承受敏捷转型的失败	1	√2	3	4	5	6
8. 项目是公司的重要项目	1	2	3	4	5	√6
9. 项目相关的其他利益相关人不会对Scrum转型造成负面影响	1	2	3	4	√5	6

其中，1表示完全不符合，6表示完全符合。

总分41/54：项目非常适合Scrum转型。

图解Scrum

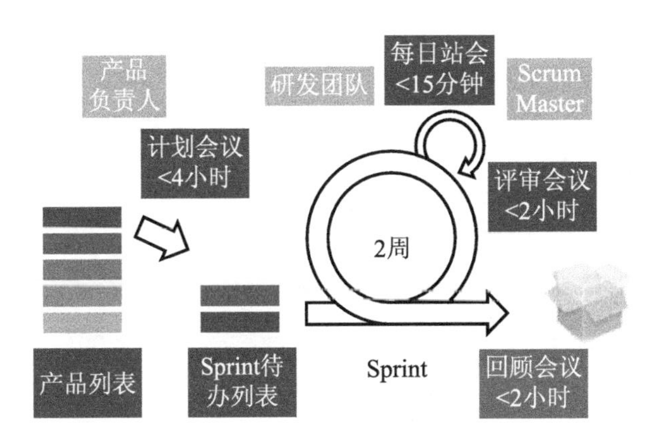

知识小结

Scrum并不是构建产品的一种过程或一项技术，而是一个框架，在此框架中可以使用各种不同的过程和技术。

Scrum框架由 Scrum团队以及与之相关的角色、事件、工件和规则组成。框架中的每个部分都有其特定的目的，其对于Scrum的成功与使用是至关重要的。Scrum的规则把事件、角色和工件组织在一起，管理它们之间的关系和交互。

作为Scrum框架的理论基础，Scrum有3大支柱和5个价值观（详情请参见附录D）。

Lizzy说

引用敏捷教练Tiago Garcez的话：Scrum本身并不难实施，困难的是组织和团队需要克服各种技术和文化上的差异和困难。Scrum实现了一件非常伟大的事情——将团队和组织的问题都显现出来（找到问题是解决问题的第一步）。

学以致用

Scrum框架包括哪些活动，角色和工件？你能说得上来吗？可以试着自己写一写。

1.10 实践类问题

1.10.1 我应该用Scrum吗

Lizzy说

是的。为什么不呢？当然，选择使用Scrum不应该是因为别人都在用Scrum。使用Scrum，是因为你的项目有问题需要解决。

例如：

- 你的项目总是不能按时发布。
- 你的项目花了很多钱但产出价值却很低。
- 你的产品无法跟随上市场变化的趋势。

请记住，Scrum不是一个万能的方法。它不能帮你解决所有问题，而且如果你错误地使用它，也许你的问题会变得更糟。

1.10.2 我可以同时实践Scrum和PRINCE2吗

Lizzy说

如果你对这个问题感兴趣，那么十有八九你是个专业的管理人员。当然，如果你根本不知道什么是PRINCE2，你完全可以跳过这个问题。术业有专攻，就好像如果你不是专业的研发，那么你完全可以不去看设计模式相关的书籍那样。

PRINCE2是一个过程驱动的项目管理方法论。它是基于7个基本原则的：持续的业务验证，经验学习，角色与责任，按阶段管理，例外管理，关注产品，根据项目环境剪裁。PRINCE2关注于项目的计划和控制。它是一个非常有效的管理项目的方法论。

也许，你会考虑使用PRINCE2作为指导来做Scrum实践。这样的话，可以在你的Scrum项目中划分各个PRINCE2的阶段。也许，这对于你的项目可行……

《敏控创变》就试图回答了如何去揉合实践Scrum和PRINCE2的。你可以读读这本书，会为你打开新的思路。

1.10.3 实践Scrum时会遇到问题吗

Lizzy说

说实话，我敢100%保证，你会遇到很多问题。对于大部分组织来说，你们必须改变组织文化。所谓的组织文化就是组织成员的行为。在改变的过程中，也许你会遇到很大阻碍，大家也许会很抵抗。组织里的保守派也许会要求在改变之前能有明确的回报可以证明改变的益处。你需要坚持，不要轻易放弃。

请记住Scrum是基于经验主义的，所有的问题都是基于经验逐步解决的。Scrum是自组织的，请依靠和相信你的团队，他们是真正创造价值的人。

1.10.4 Scrum是否可以部分应用

Lizzy说

《Scrum指南》里说得很清楚："只有Scrum的所有部分都执行了它才是Scrum"。每一个Scrum框架里的部分都是Scrum成功必需的部分，只是部分执行Scrum是可以的，但那不是Scrum。具体地执行Scrum各个部分的策略是相当灵活的，例如说你想如何去开计划会议，你想如何去组织你的产品列表。Scrum团队完全可以根据自己团队的特点自行决定。

我们引用一下Scrum大咖Schwaber在他博客里说过的一句话"Scrum就像下国际象棋，要么遵守它的游戏规则，要么不遵守。"也就是说，如果你只是部分遵守它的游戏规则，就好比你用20个棋子下棋，而不是正确的32个棋子。尽管这个游戏在某种形式下还是极有可能玩下去，但事实上这种换为20个棋子的改动只是一个替代性的、未经验证的游戏，而不能再叫作国际象棋。这就是为什么我们说如果只使用部分Scrum管理项目，那就不叫Scrum项目。

不建议公司对于Scrum团队制定太多的"流程""规定""标准"，只要Scrum团队按照《Scrum指南》里的各部分去做就好，应该尽量给各个团队留下足够的管理空间。

1.10.5 我什么时候不能用Scrum

Lizzy说

什么时候不用Scrum呢？当你的项目不用Scrum也可以运行得很好的时候，你就可以不用转型到Scrum。当团队跨国或者是有外包参与的时候，Scrum的项目就很难管理。一些对需求很清晰的项目，也不必非要使用Scrum。如果你的项目遇到了传统管理方式无法解决的问题的时候，你当然可以考虑Scrum，或者其他敏捷的方法。请记住，Scrum不是一个万能的可以解决所有问题的方法。

1.10.6 Scrum可以在大型组织中实践吗

Lizzy说

当然可以，虽然这通常并不简单……在大型组织当中实践Scrum所遇到的问题并不是Scrum本身的问题，而是组织本身导致的Scrum执行受阻。通常在大型组织中最大的阻碍就是人们拒绝任何改变。很多人都不相信Scrum真的对组织有用。大多数的组织都认为自己很特别，Scrum的规则不适用于他们。另外一些你可能会听到的争议是：质量控制对我们执行Scrum太重要了，我们的项目太复杂了以至于不能Scrum，高管不支持Scrum……在这种时候，最好的办法是尝试从很小的变动开始，证明变化有效，然后慢慢推广。所以，在大型组织里推广Scrum容易吗？当然不。但是在大型组织里推广Scrum可以吗？当然可以！

1.10.7 Scrum是一个框架，而不是一个方法

Lizzy说

经常听到有人说Scrum是一个方法，但其实它是一个框架。所谓框架和方法之间的差别就在于，方法预示着一个放之四海皆准的、格式化的途径，就好比PRINCE2、PMP都是方法；但是框架相比之下就更灵活，它是一个平台，根据环境的不同，它可以提供一系列不同的途径。对于Scrum框架来说，遵守它的规则是最重要的。而它的所有规则都在《Scrum指南》当中。

1.10.8 Scrum资格证书和素质

Lizzy说

敏捷联盟、PMI和其他一些组织提供各种敏捷相关的认证，这些认证当然是有帮助的。我们以ScrumMaster为例，如果你取得了ScrumMaster的认证，那么你所学习到的Scrum相关知识会对你有所帮助，但是这也取决于具体的个人，知识和实践毕竟是两回事儿。对有些人来说，即使没有拿到ScrumMaster的认证，但是通过其他方式掌握了足够的知识，并且他能将知识应用到实践当中并且取得成功，那么他就是成功的ScrumMaster。但对于有些人来说，虽然他取得了ScrumMaster的认证，但是在项目实践中，他们仍旧按照传统的那一套天天发号施令，趾高气昂，那么他获得再多的认证也没有用。

因此，资格证书和素质并不是对等的。而对于Scrum实践者来说，素质大于资格证书。

在得出评价结果后，小李和老朱向经理老王汇报工作。他们将评估结果和团队的意愿汇报给了老王。老王对评估结果很满意。

老王：“嗯，Scrum可以帮助我们更好地应对客户需求和技术需求不确定的新特性开发，并且为公司更快带来经济回报。公司会全力支持你们的。”

老朱：“好的。Scrum转型需要团队改变以往的工作模式，这对公司和团队是个不小的改变，特别需要公司管理层的大力支持。感谢王经理的支持。我会协助小李一起完成Scrum转型的。”

老王：“下一步你们计划如何开始转型工作呢？”

老朱：“我会给团队准备基础的Scrum培训。”

小李：“我计划下一步需要先去制订一个Scrum团队的组建计划。当然，这需要老朱的帮助。也许还需要准备额外的培训。”

老王：“你们去研究如何组建团队吧，有结果以后发计划给我。”

敏捷专家老朱和小王：“好的!”

第2章

Scrum谁来做

——Scrum的角色

我们所有人都面对着一些看似无解的难题，其实它们背后恰恰是一系列极大的机会点。

——约翰·威廉·加德纳

如果改变才能换取成功，那么改变就是你的任务。

——斯坦利·麦克里斯特尔《赋能》

2.1 ScrumMaster

作为Scrum流程的捍卫者和布道者，ScrumMaster在Scrum团队中起到至关重要的作用，他们确保团队使用正确的流程，确保团队正确地召开各种会议，他们训练团队的敏捷思维，他们和团队外的相关项目干系人沟通。根据最新的Scrum研究报告，ScrumMaster在组织中倾向于服务多个Scrum团队。另一个倾向就是在组织中ScrumMaster同项目经理分担职责。

汇报完工作以后，小李和老朱立即开始准备Scrum团队的人员安排工作。

小李：“老朱，能介绍一下如何搭建一个Scrum团队吗？以往，搭建传统项目团队的时候，我需要做的事情就是和各个职能经理确认他们手下的哪些工程师可以为我的项目工作。然后找到产品经理专门负责和客户、公司其他部门的同事一起工作确定产品功能并且输出相应的分析和设计文档。你之前提及过，在Scrum里面有三种角色，分别是ScrumMaster、产品负责人和开发团队。我作为项目经理的角色是不是和ScrumMaster的职责一样啊？能告诉我具体应该怎么做呢？”

老朱：“Scrum团队和传统项目团队有很大的区别。既然你提到了ScrumMaster，那么我就给你仔细介绍一下这个角色的职责。”

> **ScrumMaster负责根据《Scrum指南》中的定义来促进和支持Scrum。ScrumMaster通过帮助每个人理解Scrum理论、实践、规则和价值来做到这一点。**
>
> **ScrumMaster对Scrum团队而言，是一位服务型领导。ScrumMaster帮助Scrum团队之外的人了解他如何与Scrum团队交互是有益的，通过改变他们与Scrum团队的互动方式来最大化Scrum团队所创造的价值。**
>
> **ScrumMaster服务于产品负责人……**
>
> **ScrumMaster服务于开发团队……**
>
> **ScrumMaster服务于组织……**
>
> **——《Scrum指南》2017**

小李：“老朱，看起来我以前的职责和ScrumMaster的职责有区别。可我们团队的ScrumMaster应该是谁呢？我们公司本来就没有ScrumMaster这么个角色，难不成我们要招聘一个？”

老朱：“小李，在组织转型过程中，大部分组织都不会选择从外部招聘新的ScrumMaster，而是会考虑把组织中传统项目中的工作人员转型成ScrumMaster。理论上，以前项目里无论是项目经理、产品经理还是工程师，都可以作为备选人成为新的Scrum团队的ScrumMaster。但是，在实践层面上，一般都是项目经理转做ScrumMaster的实践居多。”

小李：“那么看起来我转型做ScrumMaster是最靠谱的了？可

是，感觉上ScrumMaster和我现在做的工作差距还是蛮大的呢。”

老朱：“是的。小李，我们换个角度来考虑这个问题，既然我们确定要把项目转型成为Scrum项目，那么作为项目经理的你，其实是有三种选择的：ScrumMaster，产品负责人或者开发团队的一员。这三个角色中，想必你还是更倾向于ScrumMaster吧？”

小李：“当然，我不想做技术，对产品的领域知识也不是特别熟悉。应该还是更倾向于ScrumMaster。但是……”

老朱：“但是，转型成ScrumMaster你会面临两个问题。首先，你要处理好和团队成员关系的问题。从前，作为项目经理，你是开发者的顶头上司。但以后，作为ScrumMaster，你只是你们团队中的一名成员，与开发者是平级关系。面对昔日的手下，难免尴尬。其次，你要改变自己的管理风格。项目经理的管理风格以命令控制式为主，这是项目经理角色导致的。转型以后，作为ScrumMaster，你必须掌握教练技术，以服务型领导的新姿态，帮助团队提升自组织能力，引导团队不断改进。这些对于你和组织都会是很大的挑战，你要做好准备。”

小李：“好吧，就算我可以处理好你说的两个问题。那以前我负责的和员工做绩效考核、采购管理、成本管理以后都谁管呢？”

老朱：“从理论上来看，采购和成本管理应该由产品负责人负责。绩效考核由其他的经理负责，例如说职能经理。”

小李：“可这在我们公司行不通啊……你是知道的，我们现有的产品方面的同事只负责产品相关的工作，其他的管理工作都是由项目和职能经理们分别负责的，把这些管理工作直接分给产品的同事做，在我们的组织里很难行得通，按照我们北京研发中心的经理的风格，他是不会同意把采购和成本管理的责任给除了项目和职能经理以外的人的。”

老朱：“好吧。你这是一个很实际的问题。的确，在很多组织转型的过程中，传统的项目经理转型成ScrumMaster不是说转就彻底转的。和使用Scrum框架来生产产品一样，我们的转型过程也不是一蹴而就，从0直接转型成完美的。虽然，如果一个人既是ScrumMaster又承担采购、绩效考核和成本管理的角色的话会导致这两种角色有冲突，但是在项目转型初期如果组织条件限制的情况下，我们也是可以接受这种情况存在的。但是，我们的组织转型到更加成熟的时候，这种情况是要解决的。具体的职责问题我们可以慢慢再讨论。但是现在这种情况，你继续负责采购、成本这些管理工作也是可以接受的。”

小李：“嗯，我了解了。老朱，我的另外一个问题是，你能给我介绍一下ScrumMaster的发展路线是什么吗？”

老朱：“小李，你这是个很好的问题。根据我的经验，ScrumMaster的职业发展路线通常会有如下4个方向。

（1）服务于多个团队或者更具挑战性的团队。

作为ScrumMaster，最开始一般都是从服务于一个团队开始的。在经过一段时间的磨合以后，团队的成熟度越来越高，越来越稳定。ScrumMaster就可以去寻找更多的挑战了。

通常来说，ScrumMaster可以去为多个团队服务或者是去为充满挑战的团队服务。以此，来提升自己的技能。

（2）成为Agile Coach。

有些ScrumMaster在经过一段时间的工作以后，他们发现自己热衷于激发团队进行创造的过程，而并无所谓产品本身。在经历了一段时间的经验积累以后，他们非常希望可以把这些经验分享给其他新手ScrumMaster，对于这种人来说，转型成为Agile Coach就是一个非常不错的选择。

（3）成为产品负责人。

还有一些人，也许做了一段时间ScrumMaster以后，发现自己对构建产品的过程很感兴趣，那么成为一个产品负责人就是他们的最佳选择。当然，我并不是说产品负责人在组织中高于ScrumMaster这个角色。在理论上，这两个角色是平级的关系。

（4）成为管理者。

对于像你这种从传统的项目经理转型成为ScrumMaster的人来说，也许做了一段时间的ScrumMaster以后，你仍旧更加希望转回到传统的管理者角色上来。如果这时候，组织里有机会，那么也是可以成为管理者的。

当然，至于到底最终你会选择哪条职业发展路线，还是要看你自己的选择。现在不用过早地纠结这个问题。Scrum有很多新的知识需要你去学习，学习了这些新的知识对你来说本身就是一个巨大的收获了。"

小李："嗯，看来ScrumMaster这个职位还是很有意思的嘛，可进可退。不错。老朱，能多介绍一下如何成为你这样的Agile Coach吗？"

老朱："小李，你这问题问得越来越深入了。哈哈，我拿点儿'私房货'出来给你看看就明白了。

小李，如果我们把Agile Coach的成长之路分成三个逐步跃升的层级。那么第一个需要达到的入门层级就是作为敏捷团队的协调者（在团队中的角色叫作ScrumMaster），在这个级别需要实践者具备敏捷实践和协调的能力。接下来第二层就是Agile Coach了，与之前一个级别的区别是，Agile Coach具有更多的实践知识足以支撑他们解决更复杂的问题的同时，还具备了引导、教导和专业指导的技能。在这条职业发展路径的顶峰是企业级Agile Coach，根据每个人背景的不同他们可能会有各自非常擅长的领域，分别是技术领域（开发出身）、商务领域（产品负责人出身）和变革领域（ScrumMaster）出身。但是，坦白地讲，在目前形势下能够做到企业级Agile Coach的人还是很少的。因为这些人的级别和能力和公司当中的CEO是在同一水平的，大部分具有这种能力的人都会直接选择做CEO。”

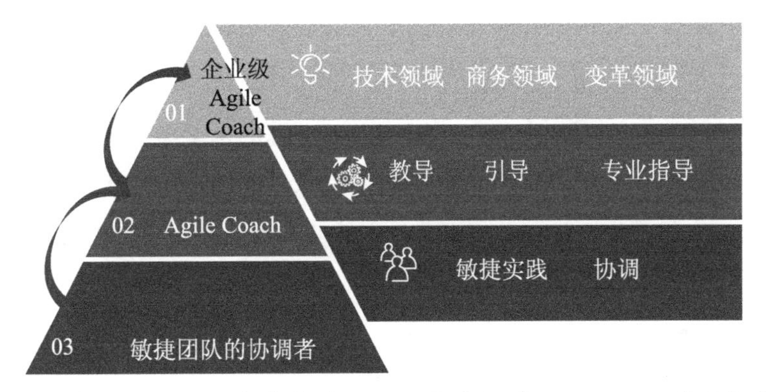

小李：“CEO距离我太遥远了，能升级到Agile Coach就已经是我的远期目标了。我还是应该努力学习，先能胜任ScrumMaster的角色要求吧。”

老朱：“嗯。小李，ScrumMaster的工作职责有的很具体，例如组织会议、处理问题；但有些职责就比较抽象了，例如塑造团队精神。我给你提供一个ScrumMaster每天的工作内容列表作为你一开始工作的指导。”

小李：“好，但我仍旧担心自己会做不好，毕竟以前没做过。”

老朱："嗯。我会帮助你的。你可以从我这里学到如何去做。另外，你也可以去看一些Scrum相关的书来丰富自己的知识，毕竟ScrumMaster是团队的敏捷专家，你需要回答大家相关的问题。"

小李："好的。我先仔细看看你提供给我的ScrumMaster每日工作的内容列表。多谢你，老朱！"

ScrumMaster每日工作列表

ScrumMaster 每天都需要做以下这些事情。

一天的开始

- 更新和检查目前冲刺的燃尽图（有关燃尽图的内容请参见3.4节）报表。
- 如果团队落后于时间表，ScrumMaster需要帮助团队想办法追上进度。同时，ScrumMaster需要确保所有完成了的任务都已经被标记成了完成，这样燃尽图表的数据才准确。
- 检查Sprint待办列表里的条目和相应的任务情况。

检查是否有任何遗漏的信息。

  - 遗漏条目的工作量估算信息。
  - 遗漏具体任务的估算信息。
  - 正在进行和已经完成的任务遗漏任务人信息。

检查是否有任何不一致的信息。

  - 是否有已经决定不做了的条目仍旧可以被选中。
  - 已经完成了的任务却没有标记成完成。
  - 没有完成的任务却被标记成完成。

ScrumMaster需要追踪这些问题，并提醒相应的团队成员做出更正。

工作期间

- 找出所有影响进度的工作。

如果需要的话，协助团队解决这些问题。

  - 保护团队不被团队外的其他人打扰。
  - 教育团队成员：他们应该先尝试自己解决问题，如果解决不了的话他们需要找ScrumMaster 来解决问题。

- 协调Scrum每日站会。
  - 展示燃尽图。
  - 听取团队成员关于每日站会的三个问题的回答。
  - 明确下一步行动计划和责任人。
  - 和团队分享有用的信息。
- 评审新加入产品列表的用户故事、技术故事和问题，确保新加入的条目可以被正确地指派到相应Scrum团队。

每日工作结束时

- 和每天开始时一样：评审状态，查看是否有任何遗漏、错误的信息，跟踪记录团队待解决问题的状态。

准备计划会议

- 协调产品列表梳理会议。
- 统计下一个迭代的生产能力。
  - 统计团队成员下个Sprint的休假计划，公共假期和其他会影响成员生产力的信息。
  - 估算团队下个迭代的生产力。
- 在各种电子和物理工具上更新相应的信息。

计划会议时

- 从头到尾查看产品列表里的条目，并且将条目一个一个地从优先级最高的开始顺序念给团队。

- 协调估算过程。
- 记录团队讨论的内容（例如，估算的工作量，条目的详情）。
- 将相应条目拖曳到下一个Sprint的待办列表。
- 建议团队在工作量范围以外多评估一部分用户故事以备不时之需。

在评审会议上

- ScrumMaster需要组织会议确保相应成员到场。

在回顾会议上

- ScrumMaster组织团队成员一起回顾自上个回顾会议以后团队的工作状态。
- ScrumMaster组织，收集和记录团队成员讨论的信息。
- ScrumMaster协调确认下个迭代团队需要做的改进措施以及负责人。

图解Scrum

Scrum教练

教练——指导Scrum团队

推土机——推动一切阻碍影响团队工作的事情

引导Scrum的流程，Scrum专家

保护伞——保护开发团队免受外部的干扰

服务型领导

知识小结

ScrumMaster是一位服务型领导，通过服务于团队之外的人以及团队中的各个角色来促进和支持Scrum，其中包括但不限于推动阻碍团队工作的事情，引导Scrum流程，协调团队内外的沟通，隔离团队的外部干扰等。

ScrumMaster的主要职责：

（1）教练——指导Scrum团队。

（2）Scrum专家——Scrum团队的过程专家，引导Scrum的流程。

（3）推土机——推动一切阻碍开发团队工作的问题。

（4）保护伞——保护开发团队免受外部的干扰。

（5）服务型领导。

所谓的服务型领导，可以把它简单地理解为和传统的项目经理的命令式领导是相区别的。对于传统的项目经理来说，他对项目负最终的责任，因此他也就同时被赋予了领导项目成员的权利。在项目当中，无论是开发、测试还是产品经理，他们都是项目经理的下级，项目经理给他们分配任务，他们有义务按照项目经理的命令来完成任务。但是在敏捷当中，ScrumMaster和团队中的所有成员都是平级，不存在任何的上下级关系。他虽然会承担一部分传统项目中项目经理的职责，但是他并不拥有命令团队成员的权利，也不像项目经理那样对项目的成败负全权的责任。当然他们更不会过问团队成员的绩效考核、薪资等这些问题。他们是一个服务者，他们的服务要确保能够满足团队最高优先级的需要。举个例子，项目经理会问：“那么，今天你要准备为我做什么？”相反，服务型领导的ScrumMaster会问：“那么，为了帮助你和团队更加有效，今天我能做什么？”

ScrumMaster的日常工作内容包括但不限于扫清障碍，沟通，推动变革，协助产品负责人，指导团队和参与Scrum活动。由于团队成熟度和项目特点各不相同，每个ScrumMaster在各种活动上花费的时间也会不同，并没有一个统一标准。例如，对于新建的团队来说，ScrumMaster就需要花费大量的时间来了解团队；相反，对于成熟的团队来讲，这些时间就可以用在其他地方。

Lizzy说

ScrumMaster是服务型的领导，敏捷专家，流程专家。这个角色不是以前项目经理角色的简单映射。但项目经理转型成为ScrumMaster 的确是一个转型期间企业解决ScrumMaster工作人员问题的非常好的策略。确认将成为ScrumMaster的工作人员需要努力学习Scrum相关的知识以便能够胜任这个角色，并且当需要的时候，能够为团队内外的人员解答问题。

学以致用

ScrumMaster应该学习哪些知识呢？首先，ScrumMaster学习这些知识的目的是解决实际项目中遇到的问题。因此，这个问题的答案会因为项目不同而不同。

当然，有一些通用的或者是基础的图书是推荐每个ScrumMaster都可以读一读的。例如，

Scrum知识类图书：

- 《Scrum指南》

- 《Scrum精髓》

ScrumMaster专业类图书：

- 《Scrum捷径》
- *Coaching Agile Team*
- *Agile Retrosectives*

更多敏捷知识类图书：

- 《看板方法》
- 《精义思想》
- 《SAFe白皮书》

2.2 产品负责人

作为确保团队做出正确产品以便帮公司得到最高投资回报的产品负责人，在Scrum团队中负责“做什么”的问题。不同公司，不同部门，不同团队的产品负责人的具体职责不尽相同。但是，从总体上来说，产品负责人的工作包括：愿景和边界。产品负责人的工作包括两个方向：提出正确的解决方案和确保解决方案被正确“制造”。

在一个轻松的周末以后，周一一早小李和老朱把注意力放回到了工作上。在上周确定了小李转型成为ScrumMaster之后，他们需要确认其他角色的人员。

老朱：“小李，上周咱们讨论完了ScrumMaster，今天咱们该说说产品负责人这个角色了。你能给我介绍一下，产品方向的工作谁负责吗？”

小李：“我们项目组里除了工程师，就是原来从业务部门转过来负责提需求的‘产品经理’和我。产品经理负责开发出正确的产品，简单地说就是和各种利益干系人、客户沟通来挖掘出来需求，然后组织各种会议，提供各种文档。老朱，是不是产品经理和你说的产品负责人就是一个角色呢？”

老朱：“小李，谢谢你的介绍。你的问题问得很好。虽然产品经理和产品负责人从职责上讲不是一个人，但是只要产品经理具备了产品负责人的知识，他是可以转型成为产品负责人的。而且，对于公司和项目来说，产品经理转型成为未来Scrum团队的产品负责人是一个非常好的选择。”

小李：“我们的产品经理叫小王。我今天下午和他谈一谈，看看他如果没有疑虑的话，我们就确认他是未来的产品负责人吧。老朱，你能给我简单介绍一下产品负责人的工作吗？以便我今天下午把相应的知识分享给小王。”

老朱：“没问题。”

“ 产品负责人的职责是将开发团队开发的产品价值最大化。

产品负责人是负责管理产品待办列表的唯一负责人。产品待办列表的管理包括：

- **清晰地表述产品待办列表项；**
- **对产品待办列表项进行排序，使其最好地实现目标和使命；**
- **优化开发团队所执行工作的价值；**

- **确保产品待办列表对所有人是可见、透明和清晰的，同时显示 Scrum 团队下一步要做的工作；**
- **确保开发团队对产品待办列表项有足够深的了解。**

产品负责人可以亲自完成上述工作，或者也可以让开发团队来完成。然而无论何者，产品负责人是负最终责任的人……

为保证产品负责人的工作取得成功，组织中的所有人员都必须尊重他/她的决定……"

——《Scrum指南》2017

下午，小李带着小王一起来和老朱讨论产品负责人转型的事情。

小李："老朱，这是小王，他目前负责收集Scrum任务板项目的需求。我已经和小王谈过了，他对我们未来Scrum组的产品负责人职位很有兴趣。小王，这是帮助我们做敏捷转型的专家老朱。今天我们开会来讨论一下我们项目转型后产品负责人的工作 。"

老朱："小王，你好。你能先介绍一下你以前的工作内容吗？"

小王："我一直以来的工作职责就是产品经理，我主要负责和利益相关干系人、客户、用户沟通，确定他们的需求以及优先级，确保能开发出正确的解决方案。具体工作上，我负责召集相关的会议，提供从立项开始的相关文档，确定产品发布的相关策略等。老朱，小李告诉我在转型后，我的角色叫作产品负责人。你能给我介绍一下我的工作会有什么变化吗?"

老朱："小王，我先给你介绍一下产品负责人和产品经理之间的区别吧，简单来说就是产品负责人要承担更多的责任。除了你之前提到的产品经理的相关职责以外，作为产品负责人你还要负责和开发团队进行交流，保证向团队提供明确的特性接受标准的说明。在特性完成后，对特性进行验收。从这些方面来看，产品负责人做了业务分析师和测试人员的一些工作。在Scrum团队里产品负责人是一个非常重要的角色。为了更加清楚地说明这一点，我为你准备了Scrum组织中项目管理职责的映射列表。可以看出，在比较理想的状态下，产品负责人要承担很多的职责。小李，你也可以收藏一下这个映射表，它包括产品负责人、ScrumMaster、开发团队和其他经理的职责。”

Scrum组织中项目管理职责的映射（摘自《Scrum精髓》）

项目管理活动	产品负责人	ScrumMaster	开发团队	其他经理
集成	√			√
时间	宏观层面	帮助Scrum团队有效利用时间	冲刺层面	
范围	宏观层面		冲刺层面	
成本	√		故事/任务评估	√
质量	√	√	√	编队
团队（人力资源）			√	√
沟通	√	√	√	√
风险	√	√	√	√
采购	√			

小王：“负责这么多内容？啊……压力太大了……咱们公司的组织架构也不允许这样吧，北京研发中心的经理能同意我负责成本和采购的管理吗？”

老朱：“不用担心。这只是一种理想状态，并不代表我们要做成这个样子。每个组织都有他们自己的特点，针对你们组织的特点，我和小李做了一些讨论，将这个映射列表进行了一些修改以适应我们项目的需要。”

小李：“在咱们公司，负责管理开发和测试的职能经理，他们是从来不负责集成管理的，因此和以前一样，还是咱俩做集成管理。关于成本和采购的管理，虽然我是ScrumMaster，但是我会继续负责这两部分工作，你不用担心。你看看这样你是不是同意呢？”

Scrum电子任务板项目管理职责的映射

项目管理活动	产品负责人	ScrumMaster	开发团队	其他经理
集成	√	√		
时间	宏观层面	帮助Scrum团队有效利用时间	冲刺层面	
范围	宏观层面		冲刺层面	
成本		√	故事/任务评估	√
质量	√	√	√	编队
团队（人力资源）			√	√
沟通	√	√	√	√
风险	√	√	√	√
采购		√		

小王：“嗯，这样看起来好多了。但是刚才老朱提到我要负责业务分析师和测试人员的一些工作。这个应该怎么做？而且在Scrum的框架下我应该怎样工作呢？你能简单给我介绍一下吗？”

老朱：“小王，我先给你介绍一下产品负责人的工作。在项目最开始的阶段，产品负责人会参与组合规划和产品规划。作为组合规划的一部分，产品负责人有可能要和组合经理和其他产品负责人一起讨论可能影响新产品计划的相关问题。在产品规划过程中，产品负责人和项目相关干系人、用户和客户一起共同讨论，一起构思新产品。做完这些以后，组织会从经济角度进行筛选，以确定开发工作是否可以得到资金，工作何时开始（批准资金）。”

小王：“嗯，这和我以前做的工作相同。接下来呢？”

老朱：“接下来，当项目得到组织认可后，产品负责人需要参与制订计划的草案。这个活动一般包含一个故事写作研讨会，目的是产生一个可供版本规划期间使用的概要产品列表。”

小王：“嗯，只是概要产品列表吗？我们以前不仅需要提供概要产品列表，还要提供详细的需求呢……”

老朱：“嗯，概要产品列表即可。接下来，会再召开一个估算研讨会，产品负责人也要参与，在这个研讨会上，开发团队成员会对高价值的故事进行估算。再接下来，会再召开一个会议，综合考虑故事的优先级、范围、估算，项目相关干系人共同讨论，制订足够的版本计划，得到一个足够清晰的整体版本，并对交付什么、何时交付之类的业务问题给出初步解答。在确定版本计划之后，Scrum团队就可以执行第一个冲刺了。”

小王：“开发团队这时候就可以开始干活了？我们还没有搞清楚具体要做哪些，所有的事儿都是一个概要的计划而已。这样也成？”

老朱：“是的。在传统的工作模式下，开发团队开始工作之前需要产品经理提供详尽的计划和文档，但在敏捷项目里产品负责人不需要搞清楚所有的细节才开始让团队开发，我们相信随着产品发布，产品经理可以通过和用户的沟通更加明确产品的具体功能。因此，在项目开始的时候，我们需要对产品的愿景规划，发布计划和有足够项目开始工作的细节，而不需要功能的所有细节。”

小王：“这样的话，从项目立项到开发团队正式开始工作，我们所需要的时间要少很多，我们可以更快地开始啦。”

老朱：“更快地开始，更快地发布给用户，更快地拿到用户的反馈以调整产品的功能，这样我们的技术和功能的风险都能低很多。

接下来，我们说在每个冲刺中产品负责人的工作。在冲刺开始的时候，产品负责人负责提供带有优先级排序的产品列表（有完整的接受标准）并且回答团队问题，以便制订冲刺计划。

在执行冲刺时，产品负责人要随时回答团队对于故事的问题并且当特性完成时对特性进行测试。另外一方面，产品负责人还要与项目内外部的干系人沟通会面，确保为下一轮冲刺设置正确的优先顺序，并获得对今后冲刺所选特性有影响的重要的信息。同时，产品负责人还需要对产品列表进行梳理，包括书写新的条目，细化现有的条目等。

在冲刺结束时，产品负责人要参加评审和回顾会议。在完成这些活动以后，我们就进入了下一个冲刺。”

小王：“全新的流程啊。我感觉有很多新的东西需要学习啊。”

老朱：“是的。产品负责人在Scrum团队里对‘做什么’‘做成什么样’有最终话语权，一个好的产品负责人对于Scrum团队的成败很重要。因此，在我们正式开始工作之前，你需要好好学习，准备一下。”

小王：“好的。”

老朱：“我给你推荐一些书，你可以读一读。我会为所有Scrum组的成员提供Scrum基础知识的培训，到时候你也可以仔细听一听。另外，我为你提供一个‘产品负责人每日工作列表’供你参考。最开始的时候，你可以使用这个列表来梳理自己每天的工作。”

小王：“多谢老朱，我会仔细看这些资料的。”

产品负责人每日工作列表

产品负责人每天都要做以下这些工作。

- 每天一开始都要检查Sprint待办列表里的条目和相应的任务情况，如果有任何关于进度的疑问都需要追踪。
- 协助团队成员解决问题，澄清需求。
- 尽早评审已经开发完成的功能，确认功能是否是期望的。如果不是则需要决定是否要在本个迭代做出更改，或者可以放到下个迭代继续完成，或者需要创建新的用户故事。
- 编写新的用户故事来完成更多的功能，并且向团队澄清新的用户故事。
- 编写史诗级用户故事（如果功能太大，单个用户故事无法承载的话）。
- 报告任何你发现的软件问题。
- 参加每日站会（如果你和你的团队认为这样有助于完成迭代目标）。
- 听取并且回答每日站会的三个标准问题。
- 发现需要你进一步跟进的任务。
- 和团队分享有用的信息。

准备计划会议：

收集足够数量的待办列表项以便团队在计划会议上评审，并且按优先级排好顺序。

- 要以商业价值作为排序的依据，同时考虑到风险、潜在失败的可能性和其他相关的因素。
- 列表项的信息里要包含它与其他列表项之间的依赖关系。

计划会议中：

- 和研发团队、ScrumMaster一起使计划会议变得更有效。
- 产品负责人必须参加计划会议。
- 回答问题以澄清和解决有可能影响实施和估算的问题。
- 如果需要的话，需要更新用户故事的主题和描述以避免歧义和误解。
- 如果需要的话，重新更改用户故事的排序以使Sprint可以更有效。

评审会议中：

评审团队在过去的一个迭代中提交的功能是否符合期望，确认是否接收团队提交的潜在可发布增量。

回顾会议中：

ScrumMaster主持会议，团队共同决定产品负责人参与该会议是否对团队实现目标更加有帮助。

图解Scrum

提供产品的愿景和边界

代表客户和业务

拥有产品列表，故事优先级的唯一决定者

设立故事的接收标准

和项目相关团队、干系人沟通

知识小结

产品负责人负责团队“做什么”，提供产品的愿景和边界，与利益干系人、开发团队合作，以便帮公司得到最高投资回报。

产品负责人的主要职责：

- 提供愿景和边界。
- 代表客户和业务。
- 拥有产品列表，故事优先级的唯一决定者。
- 设立故事的接收标准。
- 和项目相关团队、干系人沟通。

产品负责人对产品的愿景负责，他不仅要提出产品的愿景，更要确保把产品的愿景介绍给开发团队。拥有一个共同的愿景对激励团队，在开发人员和用户之间建成一个长期的联系通道是非常重要的。愿景不只是清晰地存在于头脑里，产品责任人还必须把它给团队解释清楚。他可以通过创建、维护产品backlog并排好优先次序来做到这点。

愿景展示了产品会变成什么样；而边界则描述了愿景被实现时的现实情况。边界由产品责任人提供并经常表示为限制条件，例如，我六月份需要它，我们要减少一半的每单位开销。产品负责人的工作是建造新箱子边界，团队可以在里面思考。这个新箱子能防止团队迷失在无限的可能性中，给予他们比较和做出选择的基础。新箱子的边界由业务上最重要的约束所决定，可包含类似最小保证的功能、极快的性能、减少的资源消耗，当然还有日期。

产品负责人的日常工作内容包括但不限于管理经济效益，参与规划，树立产品列表，定义接受标准并验证，与开发团队和利益干系人协作。由于团队和企业文化各不相同，每个项目的产品负责人的具体职责也不尽相同。例如，预算管理可能就控制在其他职能经理或者项目经理的手中而非很多书中说的产品经理手中；再例如，采购管理在很多公司往往都是由某个独立的部门负责的，产品经理也基本上说不上什么话。但是，大部分的项目都可以确保产品负责人对产品愿景、产品列表及验收标准的决策权。

Lizzy说

毫不夸张地说，产品负责人是Scrum团队最重要的一个角色。产品负责人的工作直接影响团队最后的成果。一个好的产品负责人不仅需要是一个好的产品经理，他/她还需要项目管理，沟通，甚至是技术方面的多种能力才能完成好自己的工作。

学以致用

产品负责人应该学习哪些知识呢？首先，和ScrumMaster的思路相同，产品负责人学习这些知识的目的是解决实际项目中遇到的问题。因此，这个问题的答案会因为项目不同而不同。

当然，有一些通用的或者是基础的图书是推荐每个产品负责人都可以读一读的。例如，

Scrum知识类图书：

- 《Scrum指南》
- 《Scrum精髓》

产品负责人专业类图书：

- 《人人都是产品经理2.0》
- 《用户故事》
- 《Scrum产品经理》

2.3 开发团队

在传统软件开发方法里，定义了不同的工作类型：软件主任工程师、程序员、测试工程师、UI工程师、数据库管理员。但是，在Scrum里面定义了“开发团队”的角色，这个角色是所有这些工作类型的集合。在Scrum里面，所有这些人统称为开发团队，所有的人都被称为“工程师”。一些Scrum成熟度很高的公司和团队，甚至在和员工签订劳动合同时也只是写这个员工是工程师，而弱化传统软件开发方法里的工作类型的区分。

在Scrum的每个冲刺当中，开发团队为了实现计划里的功能，他们必须完成所有的相关工作，包括产品设计，开发，集成和测试。为此，他们必须具备完成这些工作的所有技能。区别于传统开发方法里的“只负责自己那一部分工作”，作为一个整体，团队对功能的实现负责。

和小王讨论完产品负责人的事情以后，老朱和小李继续一同工作。

老朱：“小李，和小王讨论完了产品负责人的事。我们该考虑和研发团队开会向他们介绍Scrum转型的事情了吧？你有什么计划吗？”

小李：“老朱，如果你的时间可以，那么我们待会儿就可以和研发团队开会讨论了。我半小时后，正好和研发团队有一个例会。”

老朱：“那好啊。我们就待会儿和团队说吧。在这之前，你能给我介绍一下咱们项目的开发团队吗？”

小李：“我们项目包括一名主任工程师（Stephen）和一名UI工程师（Cindy），他们的一半工作量属于我们组。另外，我们从研发组申请了三名研发工程师（Dave，Jason，Jarod），以及测试组的两名测试工程师（Kelsi，Amy），他们都是全职。在瀑布模型下，我按照总体的时间计划，每周给他们分配任务。”

老朱：“嗯。大部分团队成员都是全职，这样很好。如你所说，在瀑布模型下你给他们分配任务。但是，转型到Scrum后，这种命令-执行的工作方式需要改变了。”

小李：“这个我明白。”

老朱：“开完会以后，我们就可以考虑向老王提交Scrum团队搭建的报告了。”

小李：“可以啊，老朱。看来我们的工作速度很快嘛。”

大家都来到了会议室。小李开始介绍老朱给研发团队。

小李：“大家好，今天我把我们Scrum电子任务板项目的开发团队的所有成员召集到会议室，是想给大家介绍一下我们的敏捷专家老朱。并且由老朱向大家介绍一下在Scrum转型后我们开发团队的工作。”

老朱：“大家好，通过前几天小李的知识分享和我为大家准备的资料相信大家在会前对Scrum已经有了一定的认知。我们正在计划培训，未来我将和大家专门分享Scrum的更多知识。今天我和大家交流一下Scrum开发团队的工作。

目前，我们的团队包括非全职的一名主任工程师和一名UI工程师，由于处于转型初期，我们是可以接受这种配置的。但我们的目标是随着团队的成熟，其他团队成员可以做部分主任工程师和UI工程师的工作，降低非全职成员成为团队工作瓶颈的风险。

我们还有三名全职的研发工程师和两名全职的测试工程师。首先，想问一下，大家除了项目的工作以外，没有其他的工作了对吗？”

Dave：“也不完全，我们偶尔也会被研发组的经理分配一些额外的工作。一些情况下，这些工作还挺急的。”

老朱：“在Scrum里，ScrumMaster需要保证他的团队成员不会受到干扰，有任何其他工作会影响冲刺目标实现的，ScrumMaster都需要帮助团队成员推掉。小李，Dave说的这种情况，在今后的冲刺里，你要帮助Dave推掉，保证团队专注于项目本身。这也同样适用于我们团队里的其他成员。当然，如果有些项目外的其他工作必须我们做，就需要想办法管理这部分的工作量。理想的Scrum团队中，研发团队成员可以不被外界打扰只专心致志地做迭代中的工作。但是，理想是美好的而现实往往却是骨感的，尤其是在Scrum转型初期，100%地不被打扰是不太可能的，这个时候需要接受这种状态，想办法管理好工作量。”

小李：“好的。老朱，在你给我们的材料里已经介绍了Scrum开发团队的日常工作，能不能请你再给我们仔细讲一讲你材料中提到的团队的特点？”

老朱：“当然可以。我们先说说，材料中提到的跨职能。所谓跨职能就是指为了提交潜在可交付的增量，团队需要具备所有相应知识和技能的成员。现在请大家考虑考虑，为了能够完成Scrum电子任务板项目的各种需求，我们的团队需要具备哪些能力？哪些能力是我们已经具备的呢？哪些能力是我们可以从外部获得支持的呢？”

团队讨论后得出的需要具备的能力：

产品，Scrum，架构，研发，手工测试，自动化测试，XP实践，自动化集成和自动化部署，UI，数据库

已经具备的能力：

产品，架构，研发，手工测试，UI

需要外部支持的能力：

Scrum，自动化集成和自动化部署，数据库，XP实践，自动化测试

老朱：“嗯，大家找的都很好。从团队整体来理解这个跨职能，意思就是团队应具备所有这些能力。为了达到这一点，组织可以为团队分配拥有这些技能的成员。另外一种方法就是团队成员通过学习掌握这些能力。当然，针对我们团队总结出的需要外部支持的这些能力来看，其中的自动化集成/自动化部署还有数据库这两点，在很多组织里都是由运维团队负责的，在我们的组织里也是这样。在现阶段，我们不需要团队成员真的掌握这两个技能，但是能够有足够的知识和运维负责相关工作的同事沟通是必需的。

对于Scrum和XP实践的知识和能力，这就是我在这里和大家一起工作的原因，我将把我的知识和实践经验传授给大家让大家具备这些技能。”

Amy：“对不起，老朱，我问个问题。你提供的材料里说大家在Scrum团队里都叫工程师。可我们每个人明明不一样啊。我就是测试，Dave就是研发。为什么要模糊我们的Title啊？”

老朱：“Amy，你这个问题问得很好。这是我想解释的另外一个方面。Scrum的开发团队应该由T型技能的成员组成。所谓T型的意思就是团队的成员在广度（知识结构和能力）和深度（专业知识）两个维度都有发展。例如，Amy，你是一个很棒的手工测试工程师，这就是你在专业上的职责，学科上的特长（深度）。但同时你也可以超出你的核心特长去做一些文档和自动化测试的工作。这样的好处就是当你的测试工作做完而文档和自动化测试的工作需要帮助的时候，你可以提供帮助，这样团队就有了额外的灵活性。

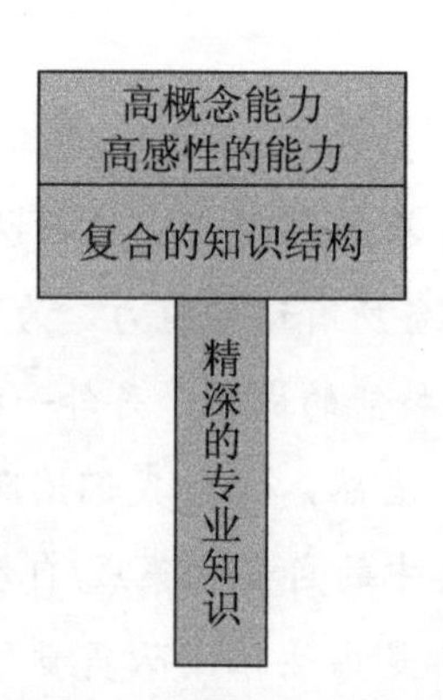

当然模糊你们Title的最重要的原因是Scrum团队以团队目标为共同的目标，通过模糊Title的方式我们希望能够弱化传统项目职能

分工的‘撇清责任’，促进团队内部集体协作的积极互动，当目标实现出现问题的时候，所有人都可以起到积极的作用。举个例子，例如，冲刺后期难免测试的压力会大一些，这时候有空余时间的工程师都应该帮助做测试，无论你的专长是研发、架构、UI。只要有时间，有能力，就都要帮忙。

最终我们的目标是组建一个这样的团队：团队成员拥有合适的技能，覆盖各个专业领域，并且总体上技能有一些重叠，以便团队有一定的灵活性。”

Dave：“老朱，你的意思是说，在Scrum开发团队里，如果我有时间并且冲刺目标需要，我也需要帮助做测试、写文档和维护自动化脚本？”

老朱：“对，Dave。在以往的传统项目里，你的工作目标是完成相关功能的代码编写。但是在Scrum开发团队里，你和其他工程师一起有且只有一个共同的目标就是交付潜在可发布增量。所以，如果有必要并且你有足够的能力，你就需要做这些非你专长的工作。

在团队中，要求擅长研发工作的人去帮助完成测试工作往往相对可行，但要求擅长做测试的工程师去完成研发的工作往往就比较困难了。我们提倡大家拓宽自己的知识和技能领域，但并不是说在Scrum中就一定要求以往的测试工程师必须学会编程才可以。实践中更多的是研发能够承担一部分的测试工作。”

Amy：“老朱，这么说来，我们都应该去扩展自己知识和技能的宽度啊。可这需要时间学习啊，我们怎么学呢？”

老朱：“这是敏捷对经理们提出的新的要求，经理们有责任和义务去为团队创造一个促进学习和增加技能组合的环境，不论是领域知识、专业知识、思考技能或者其他能力。经理要支持团队成员花时间学习。”

Dave：“老朱，我听说在Scrum团队里团队成员自己管理自己？这事儿是真的吗？没人管理我们了？”

老朱：“Dave，这叫Scrum团队的自组织。所谓自组织就是团队自下而上，自发地管理和控制，也因此区别于传统的靠外部的统治力的管理方式。举个例子来说明，还记得我们小学语文课本里面的每年春天的时候，大雁都会成群地从南方飞回北方的课文吗？大雁们时而排成一字形，时而排成人字形。你认为有一只‘经理大雁’领导其他大雁并且安排他们如何飞行以便排成整齐的队形吗？不，大雁们是靠自组织来实现成群的飞行的。这种自组织的系统最有意思的特点是它拥有非凡的稳定性和产生惊人的新颖性。”

Kelsi：“老朱，我觉得这有点儿不现实，靠我们自己管理自己……现在经理们管理我们还有时候会出问题呢……”

老朱：“在自组织的团队里，团队成员通过讨论达成共识并且最终制定规则和流程。由于每个团队成员都可以对所有议题发表自己的意见而成为规则和流程的制定者，因此当最后达成一致意见后，团队成员就会更加主动地去履行他们的承诺。在执行期间，通过每日站会和日常的充分沟通，如果有团队成员在履行承诺时候出现问题，其他团队成员也有充分的机会提醒和帮助他。在传统的控制管理中，团队成员是被动接受者，但是在自组织的环境里大家是规则制定者、监督者和履行者，这样的身份变化，导致所有团队的成员都是团队的‘领导者’。”

Jason：“老朱，按照你的介绍，我在想以往我们的工作流程将不再适用于Scrum团队了。我看到你提供的文档里提及一些Scrum的工作流程，是说我们也要那么做吗？”

老朱：“Jason，简单来说完成用户故事的流程可以是：待办→工作中→完成。

但是，这个流程太简单了对不对？大家觉得哪一步最需要细化呢？‘工作中’这步，对不对？

我给大家找一个以往其他类似项目的流程作为参考，大家可以看一看这个项目是怎么细化他们的流程的。

这个电子任务板截图是我之前做的一个项目的。我们当时使用的流程是：待办→创建测试用例（TDD）→开发→ 测试→集成→集成测试→关闭。每个用户故事都是走过这些流程最终完成的。

关于具体工作流程的问题，我的建议是我们从简单开始，一步一步根据项目的实际情况细化。这和我们完成产品的思路一样，每个迭代我们都可以改进。”

Stephen：“我们应该单独开一个会，好好讨论一下流程问题。”

小李：“我同意Stephen的说法。谢谢老朱提供的思路。”

老朱：“嗯，这个问题我们可以慢慢讨论。在Sprint 1开始之前，我们讨论出来一个流程就好。大家请记住，我们不用在一开始要求自己讨论出来一个‘完美’的流程。如果你对流程有改进的意见，那么随时可以提出来并且我们随时可以调整流程。

说了半天，我还没有给大家介绍开发团队的日常工作。大家请看这张开发团队每日工作列表吧。如果对自己的工作内容和职责还有问题欢迎大家随时和我讨论。”

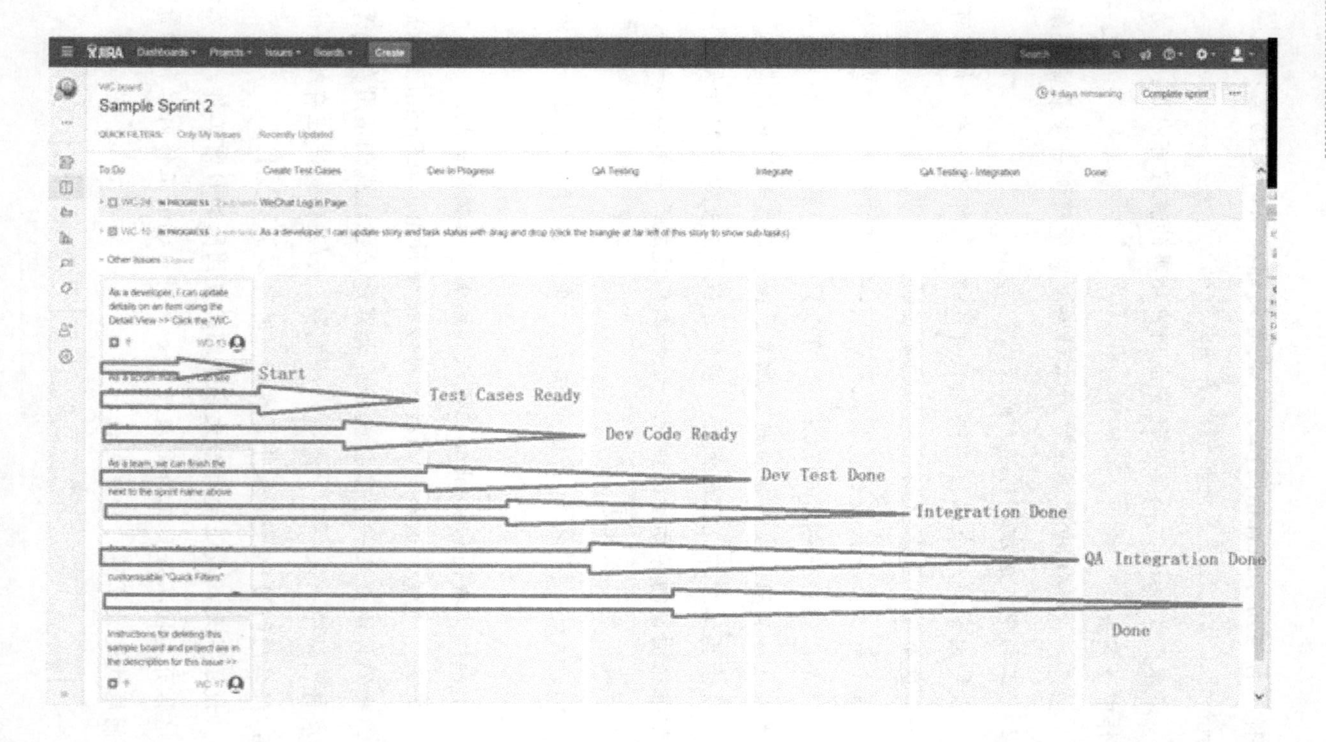
JIRA
Dashboards
Projects
Issues
Boards
Create
Sample Sprint 2
Complete sprint
QUICK FILTERS:
Only My Issues
Recently Updated
To Do
Create Test Cases
Dev In Progress
QA Testing
Integrate
QA Testing - Integration
Done
WeChat Log in Page
As a developer, I can update story and task status with drag and drop (click the triangle at far left of this story to show sub-tasks)
Other Issues
As a developer, I can update details on an item using the Detail View >> Click the "WC-
As a team, we can finish the
next to the sprint name above
customisable "Quick Filters"
Instructions for deleting this sample board and project are in the description for this issue >>
Start
Test Cases Ready
Dev Code Ready
Dev Test Done
Integration Done
QA Integration Done
Done

Scrum开发团队每日工作列表

Scrum开发团队每天都要做以下这些工作。

一天的开始

- 查看目前冲刺的燃尽图报表。
- 如果团队落后于时间表，你需要确认自己是否可以帮助团队追上进度（尤其是当你手中的任务落后于进度的时候）。你需要确认所有你已经完成的任务在相关的系统和任务板上都已标记为完成。
- 检查你今天要做的工作。
- 如果你今天没有可以做的工作，你需要和团队成员一起找到你可以帮忙的工作。

一天当中

- 当你完成了一个任务的时候，要立即更新任务状态。
- 更新所有相关项的信息。
- 如果你开始了一个新的任务，请把任务状态更改成“进行中”并且填写任务人。
- 如果你的任务完成了，请将任务状态标记成完成。
- 更新完成任务需要的剩余时间信息。
- 完成你领取的任务。如果需要帮助，请不要犹豫，立即让大家知道。
- 和大家一起协作以完成任务。和大家讨论你的工作以便可以完成任务。
- 参加Scrum每日站会。

- 汇报你的工作信息。
- 从上次站会之后你都做了些什么。
- 你计划在下次会议之前都做些什么。
- 你遇到了什么阻挠你工作进度的需要他人帮助的问题。
- 确认是否可以帮助其他人。
- 帮助产品负责人完成需求的更新。
- 回答产品负责人问题并且提供你的理解。
- 编写技术故事。
- 报告产品缺陷（例如，你在完成任务时进行的验收测试中发现的缺陷）。
- 和产品负责人澄清Sprint 待办列表中的用户故事的细节（越早越好）。如果用户故事没有按照产品负责人的期望完成的话，产品负责人会做出决定是否在当前迭代中立即修改或者以后再改。

一天结束时

- 更新你的工作状态。
- 查看燃尽图确认团队工作进展。

准备计划会议

- 梳理产品列表（和产品负责人讨论以澄清对条目的理解）。
- 创建技术用户故事。

计划会议中

- 讨论并且估算每个列表条目。

计划会议结束后

在计划会议结束后需要立即将用户故事分解为任务。这对正确完成工作非常重要。

- 和团队成员一起分解任务（所有的用户故事和缺陷）并且提供任务工作量的估算。
- 对于新的团队来说，这通常需要整组人一起开会讨论决定。
- 对于有经验的团队，做法相对灵活；可以一个人负责进行所有估算，然后其他组员进行检查以确保一致。

在评审会议上

- 团队成员负责向产品负责人演示功能。

在回顾会议上

- 在ScrumMaster的组织下，团队成员一起回顾自上个回顾会议以后团队的工作状态。
- 在ScrumMaster的协调确认下，团队成员一起确认下个迭代团队需要做的改进措施以及负责人。

经过充分的讨论与确认，最终，小李和老朱确定了Scrum电子任务板Scrum项目的团队。他们将该方案提交给经理老王，并且得到了老王的书面确认。任务板项目团队搭建完毕，团队可以准备工作了！

备注：

由于任务板项目所处的组织环境相对简单，他们的直线领导只有研发中心的经理，因此组织结构也相对简单。在实践中，还有很多项目都处于复杂的组织中，有些组织要求成立项目管理委员会，有的项目对多个部门的领导报告……

另外，虽然Scrum强调T型人才培养，强调研发团队成员统一工作职务。但在敏捷转型初期，很难有组织能够成立一个T型人才的团队，因此，在任务板项目开发团队中，还是明确了工程师们的职责分工。

图解Scrum

提供潜在可发布的功能

每日检视和调整——每日站会

梳理产品列表

冲刺规划

检视和调整产品与过程

知识小结

Scrum开发团队的主要职责如下。

- 在冲刺执行期间，开发团队完成创造性的工作，包括设计，构建，集成，测试，最终提供潜在可发布的功能发布。
- 每日检视和调整（每日站会）——作为一个自组织的团队，团队通过每日站会来实现自我的检视和调整以实现冲刺目标。
- 梳理产品列表——帮助产品负责人梳理产品列表，细化产品列表条目，估算和排列优先级。

- 冲刺规划——在每个冲刺之初，开发团队参与冲刺计划会议。在会议上，根据产品经理提供的信息，对产品列表条目的工作量进行估算，并在ScrumMaster的指导下，与产品负责人共同制订冲刺目标。

注意，开发团队对工作量的估算有绝对话语权，作为一个自组织的团队，他们不受其他角色的影响，对工作量进行估算并且按照自己的承诺去履行冲刺目标。

- 检视和调整产品与过程——在每个冲刺结束的时候，开发团队都需要参加冲刺评审会议和冲刺回顾会议。在会议上，Scrum团队检视和调整自己的过程和技术以进一步改善团队使用Scrum来交付业务价值的能力。

Scrum开发团队的特征如下。

- 自组织——没有项目经理或者其他经理告诉团队怎样开展工作；团队在没有外部力量干预的情况下，为了共同的冲刺目标而工作，逐渐达成默契，相互理解，不断改进。
- 跨职能——为了提交潜在可交付的增量，团队需要具备所有相应知识和技能的成员。
- 规模适中——5~9人的规模。

Lizzy说

Scrum的研发团队是跨职能的，自组织的。这样就赋予了开发团队前所未有的权利，同时也赋予了开发团队更重要的使命。

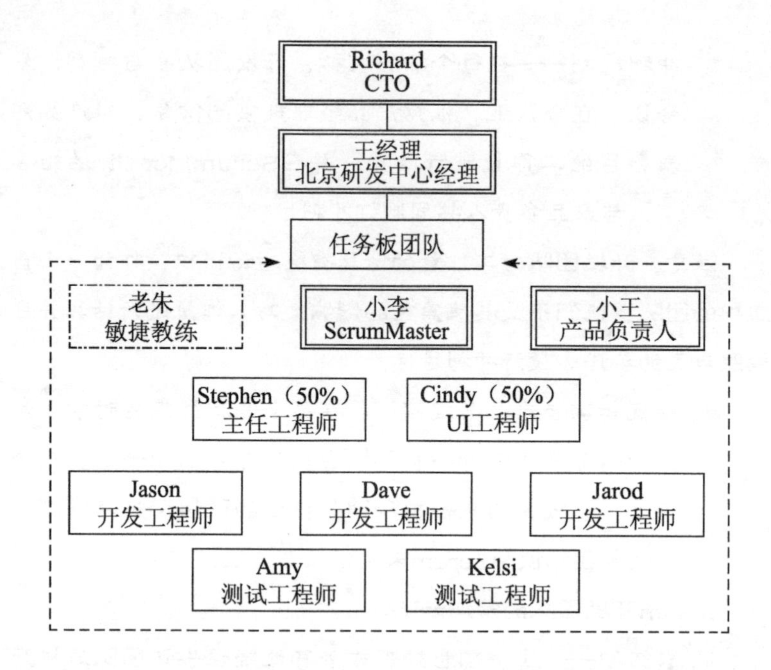

2.4 实践类问题

2.4.1 一个人能同时既做产品负责人又做ScrumMaster吗

Lizzy说

绝对不能！产品负责人和ScrumMaster这两个角色在Scrum团队里是两个非常重要的角色。产品负责人负责产品要做成什么样，但不负责指导团队。ScrumMaster则负责另外一个维度的工作，即专注于帮助团队以正确的方式和流程来执行Scrum项目。在团队中，产品负责人代表组织对经济利益的追求，而ScrumMaster则代表团队的利益。如果要求一个人来同时完成这两个角色是很困难的，更重要的是经常会遇到这两个角色出发点不同导致的冲突而无从选择，最终一个角色会凌驾于另一个角色之上，而使整个团队利益受损。

2.4.2 Scrum里任务是如何分配给团队成员的呢

Lizzy说

团队成员们一起识别、评估每一个用户故事的工作量。一旦冲刺开始，每一个团队成员根据优先级选择他们认为合适的工作。因此，我们说团队成员自己给自己分配任务。具体的分配方法由每个团队的成员一起讨论而决定。

2.4.3 开发团队可以有多少个人，为什么要限制团队人数

Lizzy说

一个Scrum开发团队可以有多少个工程师？对于这个问题来说，并没有标准的答案。2003年，Jeff Sutherland说一个Scrum开发团队的人数不能超过7个。现在，根据最新的《Scrum指南》，一个Scrum开发团队的人数应该为3～9。如果团队里的人太

少，团队会面临能力缺乏的困境。

虽然人越多，团队能完成的工作就越多，但如果人太多了又会对团队计划、沟通和协调带来巨大的挑战。正如我们所知，在IT项目中，越多的工程师并不能意味着可以带来越多的产品功能发布。而且经常会带来相反的结果。如果你的项目有超过9个工程师的资源，那么请把他们分解成两个Scrum团队。而且，请不要忘记，Scrum强调的实验！你的组织和项目团队合适的团队规模需要你自己去寻找。

2.4.4 如果项目工作太多，一个Scrum团队做不完怎么办（团队之间的工作协调）

Lizzy说

正如我刚才所说。如果你有足够的工作和足够的资源，那么就请你通过组建新Scrum团队的方法来加速你的速度。如果你的工作太多但是资源不足，那么就请你通过给特性排列优先级的方式，保证团队只开发最重要的功能。

2.4.5 迭代和冲刺的区别是什么

Lizzy说

迭代的英文为Iteration。迭代是一个通用的敏捷术语，指的是单个开发迭代。冲刺的英文为Sprint。作为敏捷的一种方法的

Scrum，冲刺是指Scrum的一个迭代。如果把语境局限在Scrum的话，迭代和冲刺指的都是一回事儿。

2.4.6 为什么在开发团队里只有工程师而不是开发、测试呢

Lizzy说

在Scrum里，责任和成果属于整个团队。为了强调团队的整体性，Scrum开发团队里只有一种角色，就是工程师。但这并不意味着每个人都必须拥有相同的技能，或者是说做相同的工作。这也许对每个人未必完全公平。例如，一个初级工程师和高级工程师的能力就不相同。但是，还是那句话，Scrum强调团队作为一个整体承担责任。

2.4.7 产品负责人和ScrumMaster都是全职工作吗

Lizzy说

为了保证Scrum团队的工作，ScrumMaster和产品负责人需要有足够的时间来完成他们的工作。一个比较常见的陷阱是，除了日常工作以外，组织会给某个人分配产品负责人的新角色，让他同时兼顾日常工作和产品负责人的角色。这样做的结果通常都不好。我们比较推荐的做法是让产品负责人和ScrumMaster成为全职的工作。

2.4.8 质量控制在Scrum里怎么体现

Lizzy说

在Scrum里，质量控制不是一个在产品发布以后才执行的工作。相反，在Scrum当中，质量控制应该包括在所有的从开始到结束的冲刺过程中。

在项目和每个冲刺开始的时候，团队就应该注意如何检查各个工作的进行。因此，我们说质量控制从用户故事的定义就已经开始了。所有的功能和非功能测试都应该被覆盖到。

因此有人说，在Scrum团队里不需要一个叫作QA的角色。当然如果大家都认为有帮助的话，公司级别有专门的QA角色也是可以的。但是我们要强调，在Scrum团队里整个团队对质量负责，而不应该将质量的责任只记在QA的名下。

2.4.9 新任ScrumMaster应该怎么办

Lizzy说

美国第28任总统威尔逊说过："如果你想树敌，就尝试改革吧"。对于大多数人来说，变化总是令人生畏。因为变化会把人从熟悉的环境拉出到一个充满"惊吓"的新世界。因此，作为一个新任的ScrumMaster，你所需要注意的是，在一开始请千万不要急于求成，一股脑儿地改变所有东西。要有耐心，好好准备。当准备好以后，慢慢开始，而且一开始的时候先引入一两个实践（例如

Scrum的每日站会和修整产品列表），当取得了一两个虽然小但有决定性意义的胜利之后，再公开宣传并且继续改进。

2.4.10 Scrum的核心价值观

Lizzy说

怎样才能通过挑选团队成员来确保团队不会因为各自强烈的自我意识和持续不断的争吵而分崩离析呢？最好的办法就是所有团队成员都要有用户Scrum的核心价值观，并且以此形成他们的职业特质。

Scrum的核心价值观：活力，共情，好奇，友善，尊重（请参见附录D）。

2.4.11 开发团队的人员配备

Lizzy说

没有一个放之四海皆准的规则可以定义开发团队的人员组成，因为项目和项目都是各不相同的。如果你对团队组建毫无头绪，我向你推荐一个比例（当然需要你根据实际情况进行检查和调整）：

2个研发：1个测试：0.5个专家（如果你的项目已经实现了高度的自动化，那么研发的比例可以更高）。

项目之初，项目中的高级工程师和初级工程师的比例为2：1（随着项目进行这个比例可以降低）。

有Scrum经验的成员与没有Scrum经验的成员比例为1：1。

2.4.12 一个ScrumMaster可以同时和多个团队一起工作吗

Lizzy说

一个ScrumMaster可以同时在几个团队中工作这个问题有很多的讨论。虽然，我们一直强调ScrumMaster这个角色很重要，全职的ScrumMaster对于Scrum团队的重要性。但是，我们必须灵活起来，根据2018年年初公布的最新的Scrum报告，一个ScrumMaster同时在多个团队中工作目前已经成为一种普遍现象。

当然，如果资源允许，尤其是在团队刚刚组建的时候，一个全职的ScrumMaster是最好的。随着团队的成熟，同时担任两个团队的ScrumMaster也是可以的（一个ScrumMaster服务于两个团队，是比较推荐的解决方案）。如果Scrum团队已经是自组织的、成熟的精英团队，一个ScrumMaster可以为三个这样的团队服务。

2.4.13 Scrum有没有一套流程，有没有标准

Lizzy说

对不起，Scrum不提供流程或者最佳实践。Scrum的游戏规则就是它的标准，这些全都包含在《Scrum指南》当中。

第3章

Scrum怎么做

——Scrum工件

谢天谢地，我们现在再也不用像以前巫师盯着水晶球一样确定提前制定的“规格说明”。

——Ilan Goldstein《Scrum捷径》

3.1 产品列表

产品列表由各个待办事项组成，每一个待办事项称之为产品列表条目。按照性质区分，可以把产品列表条目大致分为：经常写成用户故事形式的特性、缺陷、技术工作和知识获取。

正如在第1章中介绍的，用户故事的格式是最为普及的产品列表条目格式：

作为一个……我想……这样我就可以……（Mike Cohn，2004）

根据老王的批准，任务板团队将于下周正式进入Sprint 1。团队还有4天的时间进行准备工作。

老朱为大家准备了敏捷基础知识培训。小李在和老朱一同工作的同时也在积极学习更加深入的Scrum知识。团队成员开始准备研发和测试环境。产品经理小王却在为产品列表的事情犯愁。想到老朱曾经说过，在Scrum团队中遇到任何问题都需要立即提出来，寻求帮助，小王找到老朱和小李希望他们能够帮助他一同创建产品列表。

小王："老朱，以前我要把所有要做的功能都写成详细的文档提交给团队。按照我对Scrum的理解，现在我不需要把项目要做的所有需求的细节都在项目初期列出来了。但是，我也不能只是简单地把我已经想好的功能列出来吧？而且要列的有多细致呢？第一个冲刺就要开始了，我应该准备成什么样子呢？我有点儿不知道该要怎么做啊。”

老朱：“小王，我来给你解释一下产品列表的维护过程，这样你的问题就有答案了。我们使用产品列表来按照优先级排序预期产品的功能，把所了解的以什么顺序构建什么特性等这些信息都集中到产品列表当中，并且与团队共享。在Scrum当中，产品列表是最为核心的工件，也是被应用最为广泛的工件。作为产品负责人，你对产品列表拥有着至高无上的权利。底下这个表格就是最简单的一个产品列表的模板，你可以先看看，然后尝试着填写一下。”

小王：“嗯……史诗级故事这个概念我第一次接触呢……”

老朱：“小王，史诗级故事是用来描述大型用户故事的通用术语，它就是一个我们觉得它‘个头儿’有点儿大，因而需要进一步拆分的故事。”

小王：“嗯，我明白了。可是，说实话我还是不知道该怎么填这个列表。”

老朱：“小王，没关系我们来帮你一起填写这个产品列表。

首先，我们要做的所有功能都在任务板模块里面，对吗？”

标号	用户故事（列表条目）	功能模块	史诗级故事	描述	接收标准	状态	备注
1							
2							

小王：“对。那我先把功能模块这一列填写上‘Scrum电子任务板’。”

标号	用户故事（列表条目）	功能模块	史诗级故事	描述	接收标准	状态	备注
1	—	Scrum电子任务板	—	—			
2	…	Scrum电子任务板	…	…			
3	…	Scrum电子任务板	…	…			
4	…	Scrum电子任务板	…	…			
⋮							

老朱：“很好。小王，根据你之前的工作，任务板需要支持哪些功能才能实现业务目标呢？”

小王：“根据我的调查，任务板需要实现以下几个功能：显示信息，属性可编辑，用户权限管理，任务板自定义配置……但我只是提出这些需求，我并不知道这些功能应该属于用户故事还是你刚才说的史诗级故事。我应该怎么填呢？”

老朱：“看来你已经明白用户故事和史诗级故事之间的区别了，小王。解决你的问题，有多种方法可选：可以把所有这些功能都填写成为用户故事，也可以全都填写成为史诗级故事，或者也可以叫来一个研发帮我们初步估算一下工作量来区分。”

小王：“可以这样吗？可这三个选择都不能保证我填对信息啊。以后都有可能需要再修正。虽然根据我的经验，我认为这些功能都更接近于史诗级故事……”

老朱：“小王，填不对也无妨啊，我们可以在计划会议里再修改。你现在先大胆填，开会时候解释给团队听就好了。”

于是，小王将所有的功能都填入了“史诗级故事”一栏。

标号	用户故事（列表条目）	功能模块	史诗级故事	描述	接收标准	状态	备注
1		Scrum电子任务板	任务板可以显示工件/任务信息	—			
2		Scrum电子任务板	任务板应支持工件/任务属性可编辑	…			
3		Scrum电子任务板	任务板应支持用户权限管理	…			
4		Scrum电子任务板	任务板应支持用户自定义配置	…			
⋮							

老朱："小王，接下来需要你填写更多详细的内容了。你需要将每个史诗级故事中你认为需要实现的具体功能分别创建用户故事并且填写具体的描述。还记得我们之前讲过的吗？用户故事的描述方式是：作为用户，我想……， 这样我就可以……。记得哈？无论你是按照什么顺序创建的用户故事，你最后都要按照你对故事完成顺序的优先级把用户故事排列好。"

小王："嗯，我现在知道要怎么做了，感谢你们的帮助！"

根据之前的调查研究，小王很快就将信息补充完整，如下表所示。

第二天，根据小王创建的产品列表，小李和老朱组织团队梳理产品列表，并且对产品列表条目的大小进行估算（使用T-Shirt Size技术进行估算，将用户故事大小分为S、M、L、XL）。

梳理产品列表是一个持续不断、需要合作完成的工作，产品负责人牵头，包括内外部干系人中的主要参与者、ScrumMaster和开发团队在内。经过梳理后，团队完成了对产品列表优先级和大小的估算（请参见第4章计划会议部分对工作量估算的讲解），如下表所示。

标号	用户故事（列表条目）	功能模块	史诗级故事	描述	接收标准	状态	备注
1	显示任务板页面	电子任务板	任务板可以显示工件/任务信息	作为用户，我想打开独立的任务板页面，这样我就可以使用任务板管理项目	（1）主菜单页面应该有任务板菜单，可供用户单击进入（默认的任务板页面） （2）默认的任务板页面应该可以打开并且可以关闭		关于用户类型、权限控制在接下来的用户故事里完成
2	显示看板页面基本信息	Scrum电子任务板	任务板可以显示工件/任务信息	作为用户，我想看板页面显示项目基本信息，这样我就可以知道看板所显示的信息	（1）看板页面显示项目名称（具体UI要求请参照UX提供的设计） （2）看板显示基本的泳道信息（泳道应该被分为三列：待办，进行中，完成） （3）随着浏览器的放大和缩小，显示自动调整		关于泳道的自定义功能，将在接下来的用户故事里完成
3	显示工件具体信息	Scrum电子任务板	显示工件具体信息	作为用户，我想任务板页面显示项目中工件的具体信息，这样我就可以在任务板中看到项目中的所有任务信息	（1）项目中的每个工件（用户故事）以卡片的形式显示在任务板上 （2）根据用户故事的状态显示在任务板的不同泳道中 （3）显示用户故事的名称（折行，对齐，字体的格式暂时不做要求）		先显示出来用户故事，任务和其他细节要求在之后的用户故事中完成

续表

标号	用户故事（列表条目）	功能模块	史诗级故事	描述	接收标准	状态	备注
4	自定义用户故事状态页面	Scrum电子任务板	任务板支持用户自定义配置	作为用户，我希望可以自定义用户故事的状态，这样我就可以通过不同的状态来区分故事完成情况	（1）看板页面显示按钮：“设置”→“自定义用户故事状态” （2）通过单击“设置”按钮，可以进入“自定义用户故事状态”页面		对于自定义用户故事状态页面的具体功能实现，在接下来的用户故事里完成
⋮							

标号	用户故事（列表条目）	功能模块	史诗级故事	大小估算
1	显示任务板页面	电子任务板	任务板可以显示工件/任务信息	M
2	显示任务板页面基本信息	电子任务板	任务板可以显示工件/任务信息	L
3	显示用户故事具体信息	电子任务板	任务板可以显示工件/任务信息	XL
4	自定义用户故事状态页面	电子任务板	任务板支持用户自定义配置	L
⋮		电子任务板	任务板支持用户自定义配置	

老朱："关于梳理这件事，我们再多说两句。Scrum框架里没有强调何时、如何做梳理。在实践过程中，很多Scrum团队都会在Scrum框架已有的基础之上添加"梳理"会议。梳理会议一般是在计划会议之前进行的，经常在上一个冲刺的过程中，就会召开为下一个冲刺做准备的梳理会议（梳理用户故事优先级，大小估算，接受标准明确，拆分大号用户故事都可以是梳理会议的内容）。原则上，梳理用户故事列表是一个不间断的行为，因此在冲刺开始之前做一次梳理，然后根据实际需要，Scrum团队需要不停地做梳理。

除了提交给用户"新功能"的用户故事以外，技术故事也是任何一个Scrum项目无法避免的。所谓技术故事，是指客户不感兴趣但又不得不做的事，例如，升级数据库，清除没用的代码，重构混乱的设计或者实现一个老功能的测试自动化。

既然用户故事是以用户为中心的，技术故事又应该怎么写呢？我们怎么通过用户故事常用的格式来表述技术故事呢？

针对第一个问题，我的回答是：不到万不得已，不要写独立的技术故事，最好尝试在与这个技术相关的某个功能性用户故事里面把它作为一个技术需求以任务的形式表达出来。这样做，产品负责人就不会因为客户对技术故事不感兴趣而忽视它。通过在功能性故事中体现技术，技术工作肯定不会被漏掉，而且产品负责人还会开始理解故事本身的技术复杂性。

关于第二个问题，怎么使用用户故事常用的格式来表达技术故事？我的答案是你没有必要非这么做。只要确保技术故事的格式尽可能一致就可以了。同理，这也适用于软件错误的描述。请记住，用户故事只是一个描述需求的技术，在使用的时候要灵活，不要被这个技术所局限。”

在第一次梳理会议后，团队发现了一个技术故事，小王将团队提供的这个技术故事的相关信息添加到产品列表中。

标号	用户故事（列表条目）	功能模块	史诗级故事	描述	接收标准	状态	备注	大小估算
2	数据库升级到SQL Server 2018	Scrum电子任务板		配合产品发布策略，数据库升级（详情见数据库升级项目安排）			升级工作必须在指定时间内完成	M

小王：“老朱，给用户故事排序好难啊。我有太多功能想做，但是资源却总是有限的。有没有什么方法可以帮我快速地给产品列表排序啊？”

老朱：“你这个问题是产品负责人遇到的最常见的问题，即产品功能需求是无限的，但是团队的人力和时间资源却总是有限的，如何使用有限的资源生产出用户最需要的功能？

我为你推荐一个叫作MoSCoW的技术来解决你的问题，它将需要做的产品功能分成4类：Must Have（必须有的功能），Should Have（应该有的功能），Could Have（可以有的功能）和Would Have（也许有的功能）。通过这个技术，可以将产品列表中的用户故事强行分成4个级别，并且集中所有资源完成Must Have和Should Have的用户故事。”

小王：“那我就给所有的用户故事都添加一个MoSCoW属性，然后用这4个级别给它们分一下类，例如，升级数据库的事儿就应该属于Must Have。”

标号	用户故事（列表条目）	功能模块	史诗级故事	描述	接收标准	状态	备注	大小估算	MoSCoW
2	数据库升级到SQL Server 2018	Scrum电子任务板		配合产品发布策略，数据库升级（详情见数据库升级项目安排）			升级工作必须在指定时间内完成	M	Must Have

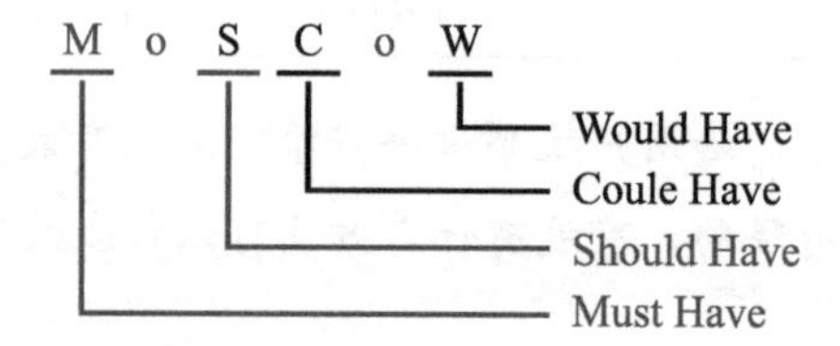

由此，小王将完整的产品用户列表模板更新成如下表格。

标号	用户故事（列表条目）	功能模块	史诗级故事	描述	接收标准	状态	备注	大小估算	MoSCoW
1									
2									

老朱：“小王，随着Scrum的迭代你还可以不断地更新用户产品列表。总之，好用，符合团队需要就可以了。”

小王：“多谢，老朱。”

图解Scrum

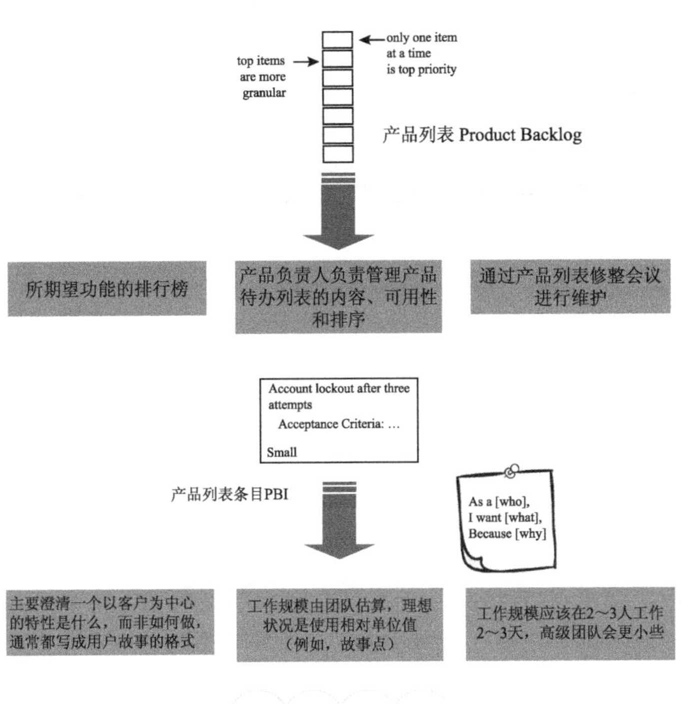

知识小结

产品列表应该具有如下特点。

- 详略得当：马上要做的条目要详细描述，短时间内不做的内容粗略。
- 涌现的：只要有正在开发或维护的产品，产品列表就永远不会完成或冻结。它会根据不断涌入的、具体的、有经济价值的信息持续更新。
- 做过估算的：每个产品列表条目都要有大小估算，相当于开发这个条目需要完成多少工作。

- 排列优先顺序的：对短期内要做的几个冲刺要仔细排好优先顺序。但是对于短期内不做的条目，除了给出一个大致的优先级，其他任何工作都是不值得做的。

一般情况下，产品列表需要至少包括以下信息：用户故事名称（列表条目）、功能模块、史诗级故事、描述、接收标准、状态和备注。

- 用户故事（列表条目）：我们使用用户故事技术来描述产品列表条目。
- 功能模块：用户故事所属功能模块。
- 史诗级故事："史诗级故事"（epic）是用来描述大型用户故事的通用术语。史诗级故事是一个我们觉得它"个头儿"有点儿大，因而需要进一步拆分的故事。

Lizzy说

产品列表是产品负责人保证实现产品商业价值的最重要的工具。通过对产品列表的管理和使用，Scrum团队生产出符合产品负责人要求的产品。也许有团队成员会问，我需要看产品列表中的所有条目吗？其实也不用。对于产品列表的梳理只要能够梳理出足够团队工作2～3个迭代的内容就足矣了。对于优先级较低的条目，团队不需要花太多时间在上面。

学以致用

Scrum团队有没有使用MoSCoW技术或者是T-Shirt技术来估算条目的工作量的大小呢？

你怎样理解史诗级故事？你的产品负责人有没有使用史诗级故事来区分不同故事的大小呢？

标号	工件（列表条目）	功能模块	史诗级故事	描述	接收标准	状态	备注	大小估算	MoSCoW
1	显示任务板页面	电子任务板	任务板可以显示工件/任务信息	作为用户，我想打开独立的任务板页面，这样我就可以使用任务板管理项目	（1）主菜单页面应该有任务板菜单，可供用户单击进入（默认的任务板页面） （2）默认的任务板页面应该可以打开并且关闭		关于用户类型、权限控制在接下来的工件里完成	M	Must Have
2	数据库升级至SQL Server 2018	Scrum电子任务板		配合产品发布策略，数据库升级（详情见数据库升级项目安排）			升级工作必须在指定时间内完成	M	Must Have
3	显示任务板页面基本信息	电子任务板	任务板可以显示工件/任务信息	作为用户，我想任务板页面显示项目基本信息，这样我就可以知道任务板所显示的信息	（1）任务板页面显示项目名称（具体UI要求请参照UX提供的设计） （2）任务板显示基本的泳道信息（泳道信息应该被分为三列：待办，进行中，完成） （3）随着浏览器的放大和缩小，显示自动调整		泳道的自定义功能将在接下来的工件里完成	L	Must Have

续表

标号	工件（列表条目）	功能模块	史诗级故事	描述	接收标准	状态	备注	大小估算	MoSCoW
4	显示用户故事具体信息	电子任务板	显示工件具体信息	作为用户，我想任务板页面显示工件具体信息，这样我就可以在任务板中看到项目中的所有任务信息	（1）项目中的每个用户故事以卡片的形式显示在任务板上 （2）根据用户故事的状态显示在任务板的不同泳道中 （3）显示用户故事的名称（折行，对齐，字体的格式暂不做要求）		先显示出用户故事，任务和其他细节要求在之后的用户故事中完成	XL	Must Have
5	自定义用户故事状态页面	电子任务板	任务板支持用户自定义配置	作为用户，我希望可以自定义用户故事的状态，这样我就可以通过不同的状态来区分故事完成情况	（1）任务板页面显示按钮“设置”→“自定义用户故事状态” （2）通过单击“设置”按钮，可以进入“自定义用户故事状态”页面		自定义用户故事状态页面的具体功能实现在接下来的用户故事里完成	L	Must Have

续表

标号	工件（列表条目）	功能模块	史诗级故事	描述	接收标准	状态	备注	大小估算	MoSCoW
6		电子任务板	任务板支持用户自定义配置						
7		电子任务板	任务板支持用户自定义配置						
⋮		—	—						

（排在产品列表中最高优先级的列表条目）

3.2 Sprint待办列表

Sprint列表是团队当前Sprint的任务清单。和产品列表不一样，它的寿命是有限的，仅在一个Sprint的时间里存活。它里面包含所有团队已承诺的故事以及相关联的任务，以及此外的附加工作，例如，在回顾会议中所发现的团队改进任务，团队计划要在当前Sprint完成。

Sprint列表在Sprint规划会议中产生，一旦Sprint规划会议结束，产品负责人就不能再修改Sprint列表的故事清单了。这是Scrum中业务方和开发团队之间的基本协议，每次Sprint开始前，业务方都可以改变方向，然而Sprint开始以后，团队则会专注于他们所承诺完成的故事。

改变这个已承诺的故事清单只有一个方式，就是由干这个活儿的团队成员提出变更请求。也许团队发现他们能比最初设想的做更多的活，也或许他们无法交付所有已经承诺的故事。遇到这种情况，产品负责人将和团队一起修改Sprint列表中的故事清单。

产品列表是固定不变的，与之相比，Sprint列表则是Sprint过程中一直都在变化的。

团队一旦发现想要交付已经承诺的故事还有些新的任务需要完成，就会把它们也添加进Sprint列表。有时候团队也会发现某个现有任务已经毫无意义，那他们就会从Sprint列表中把它剔除掉。

这天下午，老朱给团队做培训讲Sprint待办列表的知识。

老朱："Sprint待办列表是团队单个Sprint的任务清单。和产品列表是不一样的。研发团队拥有这个列表。"

小李："老朱，那Sprint待办列表和产品列表有什么区别和关系吗？产品列表里我们使用用户故事技术来描述需求，在Sprint待办列表中用户故事技术能不能用呢？能请你帮忙解释一下吗？"

老朱："当然。在介绍理论知识之前，我需要和大家强调一下。Sprint待办列表对于整个团队都非常重要。如果说产品列表的管理只需要产品负责人和ScrumMaster了解的话，Sprint待办列表对于包括研发团队在内的所有人来说都必须了解如何管理。"

小李："老朱，所以Sprint待办列表是产品列表的细化，对吗？"

老朱："从实践层面上，简单、片面地理解，你可以这么看。（当然Sprint列表不仅是产品列表的细化。）我给你举个例子你就明白了。在以往的项目中，我们使用Jira来管理Scrum项目，我给大家看一下当时Sprint待办列表的截图。

你看在Jira当中，我们的Sprint待办列表就可以显示成白板的形式。这也就是我们说的Sprint待办列表的高度可见。这个列表中的每个用户故事都被拆分成了任务，每个任务又都有各自的描述和状态。团队利用这个看板来跟踪、调整、记录、报告Sprint当中的进度和问题。

由于每一个任务都是有状态的，这也就反映了我们在实际工作中，需求确认、开发、测试、集成等工作的具体流程。"

File Edit View Favorites Tools Help

JIRA Dashboards Projects Issues Boards Create

WC board

Sample Sprint 2

4 days remaining Complete sprint

QUICK FILTERS: Only My Issues Recently Updated

To Do | Create Test Cases | Dev In Progress | QA Testing | Integrate | QA Testing - Integration | Done

WC-24 IN PROGRESS WeChat Log in Page

Create Automation Test Cases WC-27

WeChat Login Page does not work on my iPhone WC-28

WC-10 IN PROGRESS As a developer, I can update story and task status with drag and drop (click the triangle at far left of this story to show sub-tasks)

Update task status by dragging and dropping from column to column >> Try dragging this task WC-11

When the last task is done, the story can be automatically closed >> Drag this task to "Done" too WC-12

Other Issues

As a developer, I can update details on an item using the Detail View >> Click the "WC-13" WC-13

As a user, I can find important items on the board by using the customisable "Quick Filters" WC-14

Instructions for deleting this sample board and project are in the description for this issue >> WC-17

As a scrum master, I can see the progress of a sprint via the Burndown Chart >> Click WC-15

As a team, we can finish the sprint by clicking the cog icon next to the sprint name above WC-16

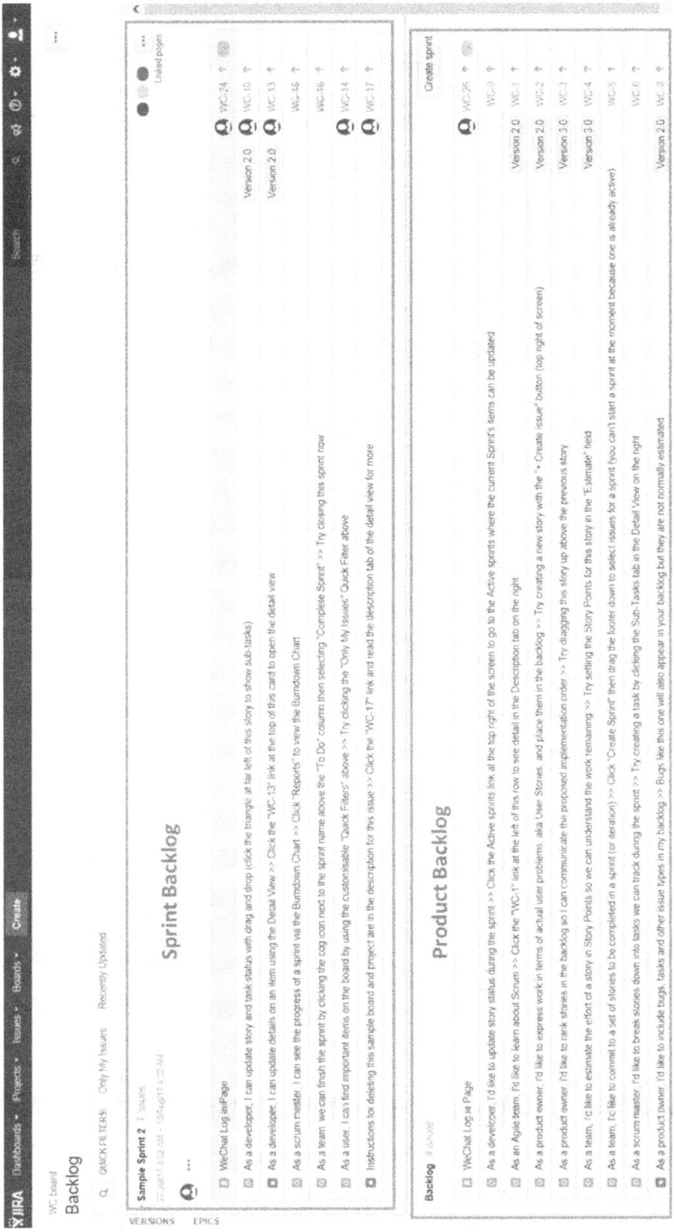

JIRA Dashboards Projects Issues Boards Create Search

WC board

Backlog

QUICK FILTERS: Only My Issues Recently Updated

VERSIONS EPICS

Sample Sprint 2 7 issues

Sprint Backlog

Linked pages

- WeChat Log in Page — WC-24
- As a developer, I can update story and task status with drag and drop (click the triangle at far left of this story to show sub-tasks) — Version 2.0 — WC-10
- As a developer, I can update details on an item using the Detail View >> Click the "WC-13" link at the top of this card to open the detail view — Version 2.0 — WC-13
- As a scrum master, I can see the progress of a sprint via the Burndown Chart >> Click "Reports" to view the Burndown Chart — WC-15
- As a team, we can finish the sprint by clicking the cog icon next to the sprint name above the "To Do" column then selecting "Complete Sprint" >> Try closing this sprint now — WC-16
- As a user, I can find important items on the board by using the customisable "Quick Filters" above >> Try clicking the "Only My Issues" Quick Filter above — WC-14
- Instructions for deleting this sample board and project are in the description for this issue >> Click the "WC-17" link and read the description tab of the detail view for more — WC-17

Backlog 9 issues

Product Backlog

Create sprint

- WeChat Log in Page — WC-25
- As a developer, I'd like to update story status during the sprint >> Click the Active sprints link at the top right of the screen to go to the Active sprints where the current Sprint's items can be updated — WC-9
- As an Agile team, I'd like to learn about Scrum >> Click the "WC-1" link at the left of this row to see detail in the Description tab on the right — Version 2.0 — WC-1
- As a product owner, I'd like to express work in terms of actual user problems, aka User Stories, and place them in the backlog >> Try creating a new story with the "+ Create issue" button (top right of screen) — Version 2.0 — WC-2
- As a product owner, I'd like to rank stories in the backlog so I can communicate the proposed implementation order >> Try dragging this story up above the previous story — Version 3.0 — WC-3
- As a team, I'd like to estimate the effort of a story in Story Points so we can understand the work remaining >> Try setting the Story Points for this story in the "Estimate" field — Version 3.0 — WC-4
- As a team, I'd like to commit to a set of stories to be completed in a sprint (or iteration) >> Click "Create Sprint" then drag the footer down to select issues for a sprint (you can't start a sprint at the moment because one is already active) — WC-5
- As a scrum master, I'd like to break stories down into tasks we can track during the sprint >> Try creating a task by clicking the Sub-Tasks tab in the Detail View on the right — WC-6
- As a product owner, I'd like to include bugs, tasks and other issue types in my backlog >> Bugs like this one will also appear in your backlog but they are not normally estimated — Version 2.0 — WC-8

老朱："在实际工作中，我们就是在计划会议当中将计划做的故事从产品列表拖曳到Sprint待办列表当中（Jira支持从产品列表直接拖曳故事到Sprint待办列表）。在这之后，我们需要为每个故事创建相应的任务。"

小李："老朱， 我有点儿困惑。不是说，用户故事是描述需求的吗，怎么又被划分成任务了？能再仔细给我解释一下用户故事这个技术吗？"

老朱："用户故事是一种优秀的工具，可以承载客户或用户价值的条目贯穿于Scrum的价值创造流程。然而，如果故事的大小都一样，就很难做好概要计划并体会到逐步细化的好处。例如，如果在冲刺阶段使用的故事太多、太小，是无法为概要产品规划和发布规划提供支持的。在这些层级上，我们需要更少、更不详细、更抽象的条目，否则，我们就会淹没在大量无关的细节中。因此，根据详略程度，用户故事是分层的。

最大的故事约为几个月的大小，可跨越一整个或多个版本，就是我们之前说的Epic（史诗级故事）。第二个级别的故事的大小通常以周为单位，对单个冲刺来说还是有点儿大，有些团队称之为特性。最小的用户故事就是我们通常说的'故事'，或者冲刺故事，它足够小，可以放入一个冲刺完成。任务处于故事下面一级，通常是一个人独立完成的工作，或者也有可能是两个人结对完成。完成任务所需要的时间一般以小时记。在任务这一级，我们要详细地说明如何构建而非构建什么（以Epic、特性和故事为代表）。任务不是故事，因此我们在写故事的时候必须要避免任务级的细节。"

Jason："老朱，我的理解是任务应该是我们具体的工作。例如编码、更改数据库、测试。我的理解对吗？但如果是这样的话，我怎么感觉任务级别就又有点儿像以前我们的瀑布模型了呢？”

老朱：“你说的没错。用户故事是要有用户交付价值的，但任务不是，任务就是工程师们具体的工作。你对这种任务级的感觉也没有错，的确是有点儿像瀑布模型的工作顺序了。但是，以前瀑布模型是整个项目这样顺序工作，Scrum是到了任务级别这样顺序的工作，这就是巨大的区别了。”

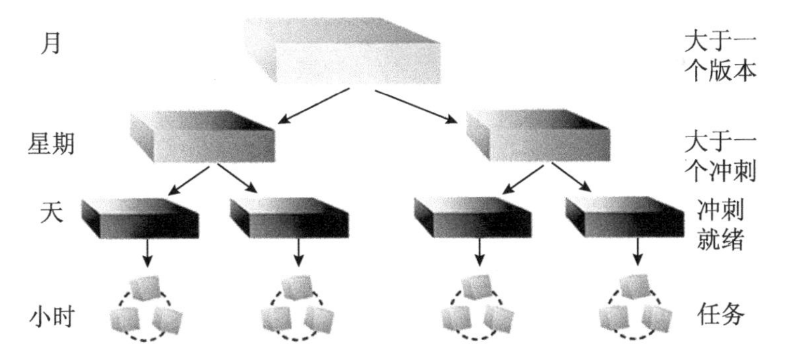

Kelsi：“我有一个问题。以前我们在瀑布模型下工作处理程序的错误就是报错，修改，然后验证。那在Scrum当中，错误应该怎么管理呢？产品列表当中可以包含错误吗？怎么记录？”

老朱：“在解释错误处理流程之前，我需要先澄清两个概念。

概念1：问题

问题是指在冲刺当中发生的不满足故事描述和验收标准的情况。问题不属于产品列表的一部分。我们可以把解决它看作是完成用户故事的一部分工作。也就是说，如果问题不解决，用户故事就不能算完成。既然如此，解决问题就成为用户故事的一个任务（在计划阶段无法预估的）。

概念2：代码错误

代码错误是指在用户故事已经完成并且被产品负责人接受之后

发现的错误。代码错误是产品列表条目的一种类型（用户故事是另外一种产品列表条目类型）。代码错误和用户故事应该放入同一个产品列表当中，用同样的方式估算工作量，并且一起排列优先级。

由此来看，因为性质不同，处理这两种情况的方式也会不一样。

举个例子，如果测试人员在做一个用户故事的最后的探索测试但是却发现了问题。应该怎么处理呢？首先，因为当前用户故事应该是研发目前优先级最高的任务，所以一旦发现问题，测试人员应该没有任何顾虑地去找到程序员解释和演示发现的问题。程序员应该立即放下手上的工作来解决这个问题。如果问题可以理解解决，口头交流就够了，没有必要做任何的文档记录。”

Amy：“那代码错误指的就是Bug，对吧？我们需不需要在发现代码错误的时候也立即报告给研发，马上修改呢？也就是说，问题不用记录吗？”

老朱：“对，代码错误指的就是Bug。对于代码错误，如我刚才所说，它应该放在产品列表当中和其他用户故事一起排列优先级等待计划。因此，一般情况下，代码错误发现后不应该立即要求研发修改，而是根据优先级排序进行计划，保证每个冲刺都只做计划好的事儿。但是，如果是致命错误，另当别论。

关于是否生成文档的问题，代码错误是一定要创建产品列表条目的。但是，对于问题，就需要灵活处理了。正如我刚才举的例子，如果可以和研发说清楚，那就不用创建一个新的问题任务，在用户故事的验收标准中加入一行问题描述和发现时间的信息就可以。但如果由于有优先级更高的事情阻碍沟通，或者复现步骤比较复杂等情况，写一个问题任务会更有利跟踪的情况下，独立创建一个问题描述任务就完全有必要了。切记，在Scrum中我们不是完全拒绝文档，有必要的文档我们就写，我们只是摒弃那些无意义的文档而已。”

小李：“我也有一个问题是关于如何划分任务的。每个任务大概多大合适？怎么划分合适呢？

例如，我有一个用户故事是这样的。我们要不要拆分呢？怎么拆分？”

用户故事

“作为一个新的用户，我想看板页面显示项目中用户故事的具体信息，这样我就可以在看板中看到单个冲刺的全面状况了。”

老朱：“我们认为拆分任务的标准是要通过拆分把用户故事拆成具体的工作内容。这样一来，团队成员可以一同协作完成工作用户故事，同时，每个用户故事的工作状态也清晰可见，符合我们Scrum的透明的原则。但是，拆分任务的目的不是符合流程，而是为了真正实际工作的方便，因此要因项目而定，团队成员找出自己团队最认可的方式。因此，到底拆不拆，怎么拆，这个问题要小李你和你的团队一起回答。

当然了，我可以给大家一些建议作为参考，供团队在一开始时考虑。

（1）我建议任务大小为2～8小时。超过8小时的任务就比较缺乏灵活了。

（2）关于如何拆分切割，我通过小李提供的具体的用户故事为例来解释给大家听。

如果使用我们在瀑布模式下经常用的拆分思路，我们会把这个故事拆分成这样：

用户故事

“作为一个新的用户，我想看板页面显示项目中用户故事的具体信息，这样我就可以在看板中看到单个冲刺的全面状况了。”

任务1：设计端到端功能测试案例。

任务2：生成测试数据。

任务3：开发数据库层。

任务4：开发业务逻辑层。

任务5：开发用户交互层。

任务6：开发端到端功能型自动化测试案例。

我知道这种拆分看上去很符合逻辑，而且简单易懂，而且它也挺好用的。但是你知道我觉得它像什么吗？你猜对了！迷你型的瀑布开发！虽然不像更可怕的产品级瀑布开发那么危险，但这种迷你型瀑布同样让人头疼，只不过是程度低一些。仔细看一下任务3～任务5，产品负责人会发现所有三个任务全部完成之后他才会有机会验证需求是否得到满足。从用户功能方面来说，让产品负责人检查数据库架构的变化及相关的存储顺序不一定可以保证开发方向的正确。

与此相反，为什么不在任务层面上也使用广泛应用于故事层面的按照具体功能的切割分解方法呢？这样一来，可能几小时以后就可以验证我们的工作了。

因此我建议把用户故事进行这样的拆分：

用户故事

“作为一个新的用户，我想看板页面显示项目中用户故事的具体信息， 这样我就可以在看板中看到单个冲刺的全面状况了。”

任务1：测试完成测试驱动研发的验收标准级测试用例设计。

任务2：开发用户故事以卡片的形式显示于看板。

任务3：开发根据用户故事的不同状态，将用户故事卡片显示在不同的状态泳道上。

任务4：开发在用户故事卡片上显示任务的名称。

这里，我们把故事分成一些封装好的最终用户功能，每个都包括一小块数据库工作，业务逻辑和用户界面实现。最棒的是迷你型瀑布变成了安全的小溪流，反馈迭代从按天算变为按小时算！

还有一个很重要的问题，我需要和大家讲解一下。还记得吗？我们一开始就说，Sprint待办列表是开发团队负责管理的。大家对这句话是怎么理解的呢？”

Jason：“开发团队可以增加、删除、修改任务。”

Kelsi：“开发团队可以更新列表条目的状态。”

老朱：“很好。在迭代开始以后，产品负责人可以向Sprint待办列表里增加和删除或者替换用户故事吗？”

Amy：“应该不能吧……除非我们同意。”

老朱：“非常棒！大家的回答非常正确！在迭代开始以后，产品经理是不能在研发团队不同意的情况下，直接修改Sprint待办列表的。”

小王："那……如果就在Sprint当中出现了一些紧急的需求必须优先完成呢？"

老朱："那就需要和团队商量，看看能不能加进来紧急需求。这也许需要移除一些已经计划要做的工作作为代价。"

图解Scrum

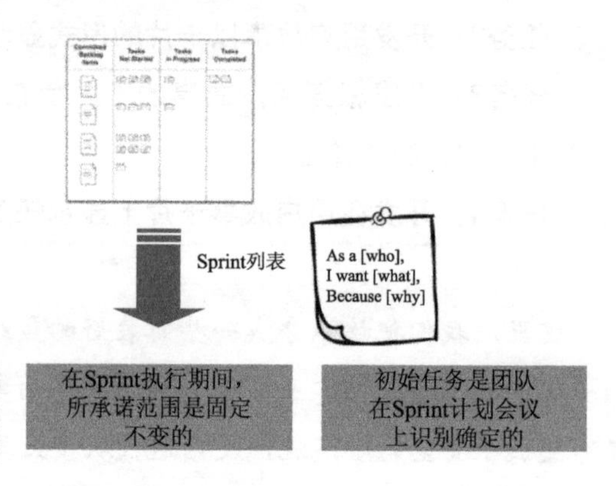
Sprint列表
As a [who],
I want [what],
Because [why]
由Sprint计划会议上团队和产品负责人协商承诺的PBI所组成
在Sprint执行期间，所承诺范围是固定不变的
初始任务是团队在Sprint计划会议上识别确定的

知识小结

（1）Sprint列表是一组为当前Sprint选出的产品待办列表项，同时加上交付产品增量和实现Sprint目标的计划。

（2）Sprint列表是开发团队对于下一个产品增量所需的功能以及交付这些功能到"完成"的增量中所需的工作的预测。

（3）为了确保持续改进，Sprint列表至少包含一项在前次回顾会议中确定下来的高优先级的过程改进。

（4）Sprint列表是拥有足够细节的计划，任何进度上的变化可以在每日展会中清晰地看到。开发团队在Sprint期间修改Sprint列表，使得列表在Sprint期间涌现（根据不断涌入的、具有经济价值的信息持续更新）。

（5）在Sprint期间只有开发团队可以改变Sprint列表。

（6）Sprint列表是高度可见的，是对开发团队计划在当前Sprint内工作完成情况的实时反映，由开发团队全权负责。

Lizzy说

很多朋友在实践敏捷的过程中会遭遇到各种状况，其中之一就是在迭代中产品经理增加额外的工作。按照Scrum的原则，这是不允许的。如果有些计划外的工作非要完成不可的话，也应该在和团队讨论以后移除一些在待办列表以内的不着急的工作，然后再把必须完成的计划外条目移入Sprint待办列表。

当然，说是说，做归做。也许你会说，在你的组织中想做到这个实在是比登天还难。但是，如果真的想让Scrum发挥作用，组织就必须学会遵守规则。这需要时间，需要所有人的努力。

3.3 完成的定义

当我4岁的儿子在为自己把所有的玩具都放到了箱子里而感到开心的时候，我对他的表现表示了赞许，但是我告诉他：你的工作并没有做完，因为你把应该放在“汽车”箱子里的汽车放进了“火车”箱子里。这个简单的例子揭示了一个重要的事实，当有两个或更多的人参与同一个事务的时候，最重要的是设定和统一期望值。Scrum理解这句格言的重要性并提供一个重要的概念来帮助我们做

到这点：完成标准（DoD）。

老朱继续讲解Scrum工件的知识给团队。

Amy：“怎么就算是冲刺和用户故事完成了呢？还是通过测试吗？在瀑布模型时，当项目进入测试阶段，我们有明确的测试计划还有测试策略规定产品需要经过什么样的测试，测试通过率达到什么水准才可以算作通过测试。但是现在Scrum里面，如何具体做我有些费解。我有些朋友说，在他们的Scrum项目里，研发完成研发环境上的测试就算是测试通过了。我觉得这样不成吧？”

老朱：“Scrum里有一个重要的工件叫作‘完成的定义’，这个工件可以解决你的问题。在这之前，我需要澄清一个更大范围上的问题。什么时候算是冲刺完成了？

（1）冲刺的时间盒到了，冲刺就必须结束。

（2）每个冲刺的结果是一个潜在可发布的产品增量。这并不意味着增量必须交付给用户。交付是一个业务策略，和软件开发不一定是同一个节奏。在有些组织里，每个冲刺结束时都进行交付不一定能多带来什么经济利益。

（3）潜在可发布反映了冲刺中构建的产品已经真正完成，意味着如果在业务上需要，就可以交付。为了确定开发出的东西是潜在可发布的，Scrum团队必须有一个明确定义的，大家一致同意的完成的定义。

大家对我刚才说的有问题吗？”

大家摇了摇头，表示老朱可以继续讲。

老朱：“这是一个‘完成的定义’的模板。它对任务层面、用户故事层面还有交付层面都有明确的完成的要求。因此，使用这个完成的定义的模板的团队，只有完成了任务层面的要求，如‘代码重构完成’‘代码是标准格式’才可以算是完成了任务；只有完成了用户故事层面的要求，如‘文档更新’‘完成测试’才算是完成了用户故事；只有完成了交付层面的要求，如‘在生产环境上线’才算是完成了交付。我们之前说过，Scrum并不要求每个冲刺都发布增量，但是如果使用了这个模板的完成的定义的话，每个冲刺就必须上线了。”

<table>
<tr><th>序号</th><th colspan="2">完成的定义</th></tr>
<tr><td>1</td><td colspan="2">设计评审完成（例如，低保真图/高保真图提交）</td></tr>
<tr><td>2</td><td rowspan="5">代码完成</td><td>代码重构完成</td></tr>
<tr><td>3</td><td>代码是标准格式</td></tr>
<tr><td>4</td><td>代码已经注释</td></tr>
<tr><td>5</td><td>代码已提交</td></tr>
<tr><td>6</td><td>代码已检查</td></tr>
<tr><td>7</td><td colspan="2">最终用户文档已更新</td></tr>
<tr><td>8</td><td rowspan="5">完成测试</td><td>完成单元测试</td></tr>
<tr><td>9</td><td>完成集成测试</td></tr>
<tr><td>10</td><td>完成回归测试</td></tr>
<tr><td>11</td><td>完成平台测试</td></tr>
<tr><td>12</td><td>完成语言测试</td></tr>
<tr><td>13</td><td colspan="2">零已知缺陷</td></tr>
<tr><td>14</td><td colspan="2">完成接收测试</td></tr>
<tr><td>15</td><td colspan="2">已在生产服务器上线</td></tr>
</table>

Amy：“好吧，看起来完成的定义很有用。”

老朱：“不是很有用，是必须要有完成的定义。有的时候，大家讨论起来经常弯弯绕，不停地兜兜转转，但就是没有结论，最后各方都沮丧甚至愤愤然不欢而散。在‘过去的日子里’，程序员和测试员在讨论质量时候发生的这样的争吵数不胜数。程序员坚持自己的代码完全满足需要；测试员则气得要把头发揪掉，说事实上正好相反。谁是对的呢？都不对！问题在于构成足够质量标准的规则没有清楚的定义或者没有进行很好的沟通。

如果完成的定义是大家共同讨论制定的，就能极大地避免这些争吵的发生。完成的定义成为一个指导开发工作的协议，清楚列出一项任务需要完成哪些工作之后才可以被归为完成。”

Amy：“嗯，这样的话我们可以在项目开始时通过制定好完成的定义，明确每个用户故事需要完成哪些具体的测试、研发、验收的工作，来避免测试、开发、产品负责人由于各自立场的不同而产生的矛盾，更重要的是这样还可以确保每一个用户故事都是按照同一套标准完成的，可以保证产品质量。”

小王：“嗯，这样不错。可是，我很担心由于我们经验不足无法在一开始总结出一个完整的完成的定义的列表。我们该怎么办呢？”

老朱：“好问题，小王。首先，大家需要意识到DoD它不是一个一成不变的列表，大家担心自己经验不足会在一开始遗漏一些内容，但实际情况是即使是经验十足的团队也会不断调整他们的DoD，因为敏捷拥抱变化，项目所处的环境变了，我们自然就需要调整。因此，大家不用强求现在可以讨论出来一个‘完美的’DoD。像其他东西一样，DoD也需要定期检查和修正。只要确保不断完善就OK啦。

当然，我建议大家在最初制定DoD的时候还是要现实甚至是保守一些的。一定要根据我们团队的能力和期望来制定。一开始就制定一个雄心勃勃过于详细的DoD也许令人钦佩，但是一旦它变得不现实，就会挫伤团队的信誉和士气。所以，面对现实，从最小的可接受DoD做起。记住，可以实施的、满足需求的就是好的DoD。这就好比做菜的时候加盐，我们是可以不停地加盐，但是盐一旦加多，就难办了。”

小李：“老朱，我们能不能把对于产品的安全性、兼容性的要求写进DoD呢？”

老朱：“当然，小李。很多团队的DoD都会包括一些你刚才提到的非功能性的需求。例如，可伸缩性，可移植性，可维护性，安全性，可扩展性，互操作性等。通过这种方式，我们可以把这些非功能性的需求融入产品的所有层面中。

下面是一些限制性因素的例子供大家参考。”

完成的定义——非功能性需求

可伸缩性：规模必须能扩充到同时支持2000个用户。

可移植性：使用的任何第三方技术都必须是跨平台的。

可维护性：所有模块都需要保持清楚的模块化设计。

安全性：必须通过具体的安全渗透测试。

可扩展性：必须确保数据接入层可以和所有商用关系型数据库相连。

互操作性：必须能够实现套件中所有产品的数据同步。

小王：“嗯，我有些不太明白了。我们把这些要求写入到用户故事的接收标准是一样的啊。怎样区分接收标准和完成标准呢？”

老朱：“这是一个有趣的问题：一个XYZ需求应该是接收标准的一部分，还是应该是DoD的一部分？这个问题的答案取决于这个需求是适用于所有用户故事，还是用户故事里的一个子集。以向后兼容为例，如果这个产品正在开发的所有功能都需要和以前的版本兼容，这个非功能性需求就应该是DoD的一部分。另一方面，如果确定只有几个在开发的功能需要向后兼容，那么这个需求就应该放入与这些功能相关的接收标准当中。”

Dave：“那我们要讨论一下生成一个我们项目的完成的定义吗？”

老朱：“我们可以在刚才我给大家看的完成的定义样表基础上来进行更改。”

Amy：“第15条，已在生产服务器上线 。这个和我们的实际情况不符合吧？昨天小李说我们每三个Sprint才会真正上线一次。应该改成在‘待发布（Release Candidate）’服务器上上线。”

Kelsi：“第13条也不对啊，我们经常会带着一些小缺陷上线。只要不是严重缺陷就好。”

Jason：“咱们得做单元测试吧？代码完成里面得加上这条。”

……

知识小结

从概念上来说，完成的定义是在宣布工作潜在可发布之前要求团队成功完成的各项工作检查。

在大多数情况下，完成的定义至少要产生一个产品功能的完整切片，即经过设计，构建，集成，测试并编写了文档，能够交付已验证的客户价值。但是为了得到一个有用的列表，这些大级别的工作项需要进一步的细化。例如，做过测试意味着什么？写过文档意味着什么？

完成的定义具有如下的特点。

- 完成的定义可以随时间演变。
- 完成的定义和接收标准不同（当某个“接收标准”里的需求适合于所有的用户故事，那么它就是完成标准里的一项；但如果该需求只是适用于所有用户故事的一个子集，那么它就是这个用户故事子集里的故事的验收标准）。
- 完成的定义可以是多个不同层面的（任务层面，用户故事层面，交付层面）。
- 完成的定义里会包含一些限制因素（可移植性，可伸缩性，可维护性，安全性，可扩展性，互操作性）。

Lizzy说

在刚开始实施Scrum的团队中，大家往往会忽略“完成的定义”，因为貌似不定义这个标准，Scrum团队照样可以工作。但是随着一个迭代接着一个迭代地向前，团队会发现由于对于完成任务的标准的定义不清晰，团队成员彼此之间会产生误会和分歧，更重要的是提交的功能的质量也会被质疑和影响。而后，团队才会去考虑制定一个共同认可的“完成的定义”。

Lizzy建议在Scrum实施一开始就定义清晰的“完成的定义”，这样可以帮助团队少走很多弯路。

学以致用

尝试为你所在的团队创建一个“完成的定义”吧，然后你可以将这个“完成的定义”分享给你的团队并且尝试进一步修改并最终应用。

团队共同认可了“完成的定义”，如下表所示。

<table>
<tr><th>序号</th><th colspan="2">完成的定义</th></tr>
<tr><td>1</td><td colspan="2">设计评审完成</td></tr>
<tr><td>2</td><td rowspan="6">代码完成</td><td>代码重构完成</td></tr>
<tr><td>3</td><td>代码是标准格式</td></tr>
<tr><td>4</td><td>代码已经注释</td></tr>
<tr><td>5</td><td>代码已提交</td></tr>
<tr><td>6</td><td>代码已检查</td></tr>
<tr><td>7</td><td>代码已完成单元测试</td></tr>
<tr><td>8</td><td colspan="2">最终用户文档已更新</td></tr>
<tr><td>9</td><td rowspan="5">完成测试</td><td>完成单元测试</td></tr>
<tr><td>10</td><td>完成集成测试</td></tr>
<tr><td>11</td><td>完成回归测试</td></tr>
<tr><td>12</td><td>完成平台测试</td></tr>
<tr><td>13</td><td>完成语言测试</td></tr>
<tr><td>14</td><td colspan="2">零严重缺陷</td></tr>
<tr><td>15</td><td colspan="2">完成接收测试</td></tr>
<tr><td>16</td><td colspan="2">已在“待发布（Release Candidate）”服务器上线</td></tr>
</table>

3.4 监测

走进Scrum团队的工作区，你有可能会注意到墙上贴着手绘的图表，以及一个贴满了便签纸的任务板。这些信息都可以被称为信息辐射器，用来检测和反映团队工作的状态。当然，如果你的团队是分布式团队，那么你也可以选择用软件去展示这些信息。总之，展示信息，方便监测和调整是我们想要的。除了我们之前提到的任务板，燃尽图是我们最常用的信息展示和监测工具。

一早，小李愁眉苦脸地来找老朱。

小李："老朱，我有点儿发愁啊。采用Scrum以后我没有相应的报表可以定期报告给老板了。以前我都要求团队定期提供他们的工作进展然后汇报给老板。现在我该怎么办？Scrum支持我们做这种类型的文档吗？"

老朱："小李，虽然敏捷精神指出产品比文档更重要，但并不是说敏捷就不写文档。任何一个组织都会要求团队报告他们的进展并且跟踪团队的工作。这个需求很合理。

从另外一个对于团队的角度来讲，在Scrum冲刺中，我们应该计算Sprint待办列表中所有剩余工作的总和。开发团队至少要在每日站会时跟踪剩余工作的总和，预测达成Sprint目标的可能性。通过在Sprint中不断跟踪剩余工作量，开发团队可以管理自己的进度。

因此，跟踪Sprint当中有意义的指标是必须的。我为你介绍一些有意义的指标，你可以使用这些信息作为向管理层汇报Sprint的进行阶段的进展的内容，同时更重要的是大家要使用这些指标进行团队的自我管理。"

小李："好的，老朱。"

老朱："我介绍两个最为常用的燃尽图：Sprint燃尽图和交付燃尽图。

Sprint燃尽图用于显示当前冲刺剩余工作量的变化。增加或者完成任务以后，团队成员会更新图表（如果使用Jira这样的电子工具，图表会自动更新），以体现剩余的工作量（工作量可以用任务小时，任务点或者任务数量来表示）。

Sprint 燃尽图的目的在于，通过它团队能够看清楚情况并且知道自己能否交付迭代中已经承诺的全部。如果能做到，那很棒！如果做不到，这个图表可以帮助团队尽早发现问题，这样就还有时间进行调整。如果团队发现有些故事已经无法完成，也能立刻让产品负责人知道。这样产品负责人就可以和团队协商如何应对状况。产品负责人可能会选择放弃Sprint中某个故事，也可能会选择缩小一个或者几个故事的范围，直到团队能完成剩下的部分为止。如果团队发觉他们将提早完成所有的故事，那就可以找产品负责人再要一个故事继续开发。

关于Sprint燃尽图有一个让人吃惊的现象，Sprint第一部分的趋势线往往会走高而不是走低。为什么会这样呢？

团队工作刚刚开始的时候，他们会发现还需要完成一些新的任务，这是正常现象。发现这些任务之后，就要估计它们的大小，还要加入到Sprint列表当中。由此带来的增长会体现在Sprint燃尽图上。大多数团队发现Sprint到1/3的时候，燃尽图又会掉头回来继续向下。Sprint进行当中发现更多工作成了一种模式，一些团队刚开始会被吓到，但很快就开始意识到这就是正常Sprint燃尽图的模样，刚开始向上翘，随后开始真正转为下降趋势。”

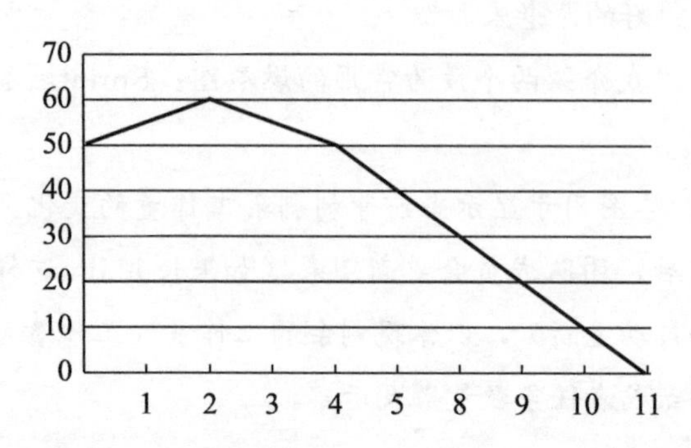

小李：“嗯，我们每天都要在站会上更新燃尽图吗？”

老朱：“这个看团队具体情况，如何组织站会是另一个话题，我们以后再讨论。但是，如我所说，每天都检查燃尽图的状态是很有必要的。”

小李：“嗯，那另外一个你要介绍的燃尽图是什么？”

老朱：“在介绍下一个燃尽图之前，我先给你看看Jira 为我们提供的燃尽图的功能。红色线是实际情况，灰色线是理想情况。Jira 可以提供每个节点对应的用户故事关闭和增加的信息（如燃尽图下面的表格）。这些功能还是挺好用的。”

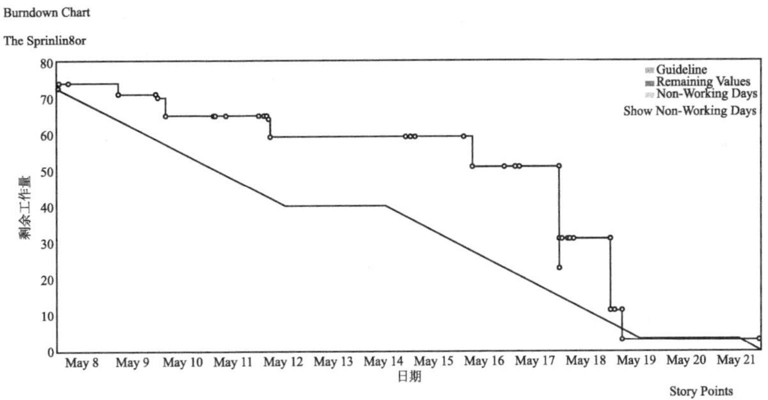

Date	Issue	Event Type	Event Detail	Story Points Inc.	Dec.	Remaining
07/05/2012 11:22	GHS-4767 GHS-4862 GHS-4910 GHS-4913 GHS-4920 GHS-4970 GHS-4972 GHS-5024 GHS-5025 GHS-5039 GHS-5084 GHS-5106	Spnnt start		8 5 8 20 5 3 20 - - 1 - 3		73
07/05/2012 11:55	GHS-5103	Scope change	Issue added to sprint	0		73
07/05/2012 12:25	GHS-4750	Scope change	Issue added to sprint	1		74
	GHS-4129	Scope change	Issue added to sprint	0		74
07/05/2012 16:46	GHS-5108	Scope change	Issue added to sprint	0		74
07/05/2012 16:52	GHS-5110	Scope change	Issue added to sprint	0		74
08/05/2012 16:31	GHS-4970	Bumdown	Issue completed		3	71

小李："嗯，我们组也有Jira的Licence，我们可以用这些功能啊。"

老朱："下一个要介绍的是交付燃尽图。如果说Sprint燃尽图是团队在Sprint当中监测的工具，那么交付燃尽图就是在更高的发布层面上对项目的监测工具了。

如我之前所说，每个Sprint团队都要提供潜在可交付的增量，这句话其中一层的意思就是说不是每个Sprint团队都需要发布增量给用户的。有些团队会选择固定的几个Sprint发布一次，有一些团队则会根据具体的开发功能的状况来决定发布频率。但无论是哪种情况，都需要在交付层面上对项目进行监测。

交付燃尽图便于产品负责人跟踪发布剩余工作随时间变化的过程。通常情况下，我们会使用Sprint作时间轴增量，剩余故事点数作纵轴。不同的下降趋势反映了单位时间段内所完成点数的自然变化。故事点的增长会形成发布燃尽图上的钉状凸起，这样的情况应该少出现。在走向发布的过程中，你会想看到下行的剩余工作趋势线。"

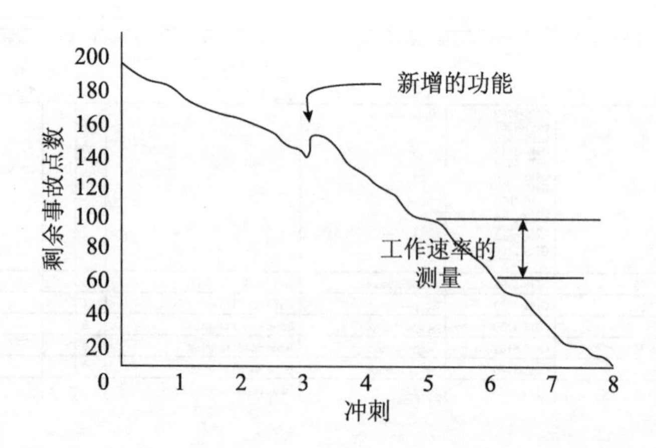

小李："老朱，这个交付燃尽图看起来很有用啊。可是，我有一个问题哈。我的理解是在冲刺发生过以后我们才能画出来这个图，如果没有任何工作的变化整个曲线呈一个斜率向下那还好，但是如果出现了你刚才说的那种钉状凸起，我怎么去预测我最后能在哪个Sprint发布呢？发生了以后再去预测肯定就来不及了，对吧？"

老朱："为了回答你这个问题，我要给你介绍一个更加复杂的交付燃尽图的版本。

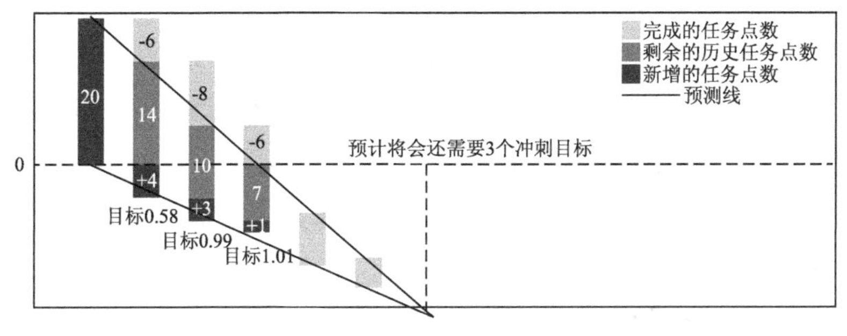

正常的交付燃尽图

浅灰色的柱状代表这个目标完成了的任务点数，所以前面加了个减号。

中等灰色的柱状代表在这个目标开启之前就存在的任务点数，在这个目标结束时还剩下多少。

深灰色的柱状代表在这个目标开启后到下个目标开启前这段时间，版本中增加了多少任务点数，所以用加号，在当前没有开启的目标甚至没有目标的情况下，增加的点数就都算在上一个目标头上。

两条预测线交点对应的横坐标代表这个版本预计会在哪个冲刺目标内完成。

大部分的电子工具（如Jira），都支持这个交付燃尽图的绘制。有了这个图，你就可以去预测到底什么时候可以完成发布了。

如果对这个图的细节感兴趣，你可以去网络上搜索关于这个交付图的更多的解释。

给你推荐一个资源：https://www.jianshu.com/p/08104d7372f2。这里面有关于交付燃尽图的更详尽的介绍。”

小李：“有了燃尽图和任务板，以后我们向老板汇报工作也简单多了。当然，更重要的是我们可以随时检测项目的进展。多谢，老朱。”

老朱：“我建议你在咱们项目的物理任务板上也画一个燃尽图，这对团队每日站会上跟踪进展非常有帮助。”

小李：“好的，老朱。”

……

经过了一周的准备，任务板团队一切准备就绪，下周一他们就可以开始第一个冲刺了。小李和老朱向老王汇报他们的工作进展。

小李：“王经理，我们一切准备就绪。项目团队的成员都具备了基础的Scrum知识，明确自己的职责。我们将团队成员的工位全都放在了一起，现在工程师、产品负责人、ScrumMaster都坐在一起，沟通变得更加方便。我们准备好了测试和开发环境，小王也准备好了产品列表。”

老王：“很好，感谢你们的工作。祝你们第一个冲刺一切顺利。如果有任何问题都可以随时来找我寻求帮助。另外，你们第一个冲刺结束的时候，我需要你们向我报告进展。”

老朱：“我们会在第一个冲刺结束的时候邀请您参加评审会议。”

小李："我已经准备好了报告模板，虽然我们是两周一个迭代，但是我会像以前一样每周都提供报告给您的。"

老王："很好。"

图解Scrum

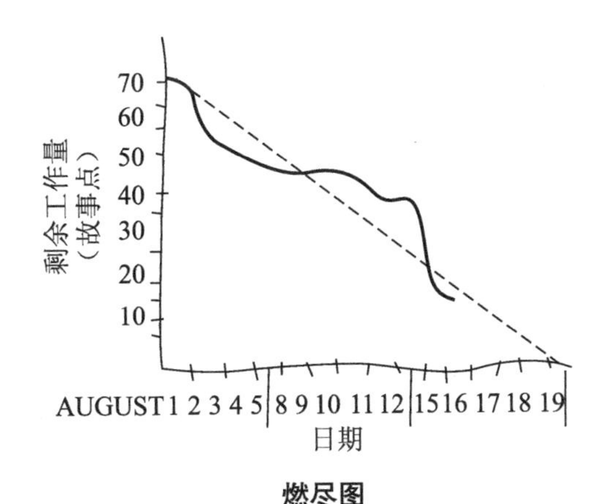

燃尽图

知识小结

燃尽图描述了剩余工作随时间变化的轨迹。纵坐标绘制剩余工作量，横坐标是时间。通常来说，团队不断地完成任务，剩余工作量也应该随之下降。这会呈现为一条从左到右向下延伸的斜线。

学以致用

你的团队在使用燃尽图或者其他工具来监测Sprint进展吗？你可以尝试使用支持Scrum的项目管理工具（例如Jira）的报告功能来自动生成这些报表并且使用它们来更好地监测Sprint进展。

3.5 实践类问题

3.5.1 谁负责产品列表，谁负责Sprint 待办列表

Lizzy说

产品列表由产品负责人负责管理并对它拥有绝对的权利。但是，这并不代表只有产品负责人才可以向产品列表中添加和修改内容。例如，问题、技术相关的工作就经常需要团队来创建相应的条目。对于用户故事来说，也经常需要团队成员去维护相应条目。因此，我们说产品负责人管理产品列表，但维护产品列表的责任团队成员人人有之。至于每个团队的成员如何帮助产品负责人维护产品列表，要看产品负责人给团队成员的授权而定。

关于Sprint待办列表，它是在每个冲刺的计划会议当中产生的。在进入Sprint阶段以后，团队成员负责维护和更新Sprint待办列表。因此，Sprint待办列表是属于团队的。

3.5.2 产品列表的优先级如何制定

Lizzy说

产品列表的优先级是产品负责人根据公司更高层面的策略制定的。通常情况下，对于Scrum小组来说，他们的产品列表优先级要服从于整个产品，甚至是产品集的优先级（产品组合规划→产品规划→版本规划→冲刺规划）。

3.5.3 什么是DOR

Lizzy说

DoD就是完成的定义，在本书中我们很认真地讨论过。

关于DoR，是指Definition of Ready，即准备就绪的定义。根据《Scrum指南》中的定义：“排序越高的产品待办列表项通常比排序低的更清晰，同时包含更多细节。根据更清晰的内容和更详尽的细节信息就能做出更为准确的估算；同样，排序越低，则细节信息越少。产品待办列表项中那些即将会占用开发团队下一个Sprint大部分时间的项会被加以精化，因此，任一产品待办列表项都能够在Sprint的时间盒期限内适当地‘完成’。这些能够被开发团队在一个Sprint中‘完成’的产品待办列表项称为‘准备就绪’，它们将作为Sprint计划会议中的待选产品列表项。产品待办列表项的足够透明程度通常要经过上述的精化活动来获得。”

因此，DoR就是一个类似于DoD的列表，如果满足，列表中规定的产品待办列表项可以放入到Sprint待选产品列表里。如果不满足DoR的定义，则不可以放入Sprint待选产品列表当中。

3.5.4 敏捷了就不需要文档了吗

Lizzy说

不是！敏捷要做的是减少浪费，以便能按照项目的特点灵活选择文档的数量与形式，在过度设计和返工之间寻找到平衡。也就是说，每个项目都要根据自己的特点，选择合适的形式和内容来写文档。例如在大多数项目中，设计文档、接口文档是一定要写的，但是有些需求文档也许就不用刻意写了，Jira或者其他用来整理用户故事的工具里的信息就已经足够了。因此，请不要因为是敏捷项目就拒绝写有用的文档。敏捷宣言中的那句话叫作“可工作的软件重于面面俱到的文档”，这绝不能成为不写文档的挡箭牌。

3.5.5 Scrum管理产品列表、冲刺待办列表，需要使用什么工具

Lizzy说

我们在本章中曾讨论过这个问题，在这里简单罗列一下。

- 你需要一个任务板，不同颜色的便签纸，白板笔。如果不是远程团队，那么就请在办公室团队的位置准备一个实体白板来作为任务板（在每日站会的部分，我们会具体讨论如何组织任务板的细节）。
- 你还需要管理产品列表和冲刺待办列表的工具。简单到一个Excel表格，复杂到Jira系统，只要可以帮助管理好你的待办事项就没问题。

3.5.6 什么时候梳理产品列表，谁梳理产品列表，怎么梳理产品列表

Lizzy说

产品列表的梳理是包括产品负责人、ScrumMaster、研发团队在内的整个团队的责任。梳理产品列表的形式可以是多样的，根据团队的成熟度和产品的特点不同，每个团队都可以选择自己喜欢的梳理方式。

例如，对于不成熟的团队，如果团队成员还没有形成定时梳理产品列表的习惯，那么由ScrumMaster定期组织梳理会议的方式就比较合适。

如果团队很成熟，成员可以自发地定时梳理产品列表，那么就不用组织专门的会议。

如果团队跨国家、跨地区，例如产品负责人在美国，研发团队在北京，那么邮件沟通和电话会议的形式就更加合适了。

团队可以选择梳理产品列表的时间，只要这个时间是在计划会议之前并且团队有充足的时间进行梳理和调整就可以。

3.5.7 需要开产品列表梳理会议吗

Lizzy说

产品列表梳理会议不是Scrum的标准活动，也就是说这个会议不是必需的。但是大部分的Scrum团队都会选择使用产品列表梳

理会议。当然，对于非常成熟的团队，他们可能会因为对产品的了解以及团队成员之间频繁的沟通而不必非要组织专门的梳理会议。另外一种情况是转型初期的团队，他们可能会期许产品负责人提供完备的文档，团队成员之间还没有形成良好的互动，如果ScrumMaster不够强势的话，产品梳理会议也会被忽略。对于上述两种情况，第一种非常健康，梳理会议不是必需的；第二种就不健康了，建议团队考虑梳理会议。

3.5.8 Scrum团队跟踪个人完成的任务吗

Lizzy说

很多经理都会问：在Scrum团队中，我如何跟踪每个工程师的个人绩效？要知道这和每个人的KPI考核息息相关啊！我的答案是：对不起，Scrum团队强调团队作战。跟踪个人的KPI指标有点儿违背这个原则。

不信你看，Scrum的各种监测图表都是以团队为单位的。没见过有哪个监测工具是统计团队中单个人的工作绩效的。

当然了，如果你说我们公司就要统计个人的KPI，那Scrum是阻止不了你的。但是你得手工统计或者自定义开发一些小工具了，因为像Jira、VSTS这些主流的产品都是不提供这些功能的。

3.5.9 监测的结果可以用来比较不同的Scrum团队之间的绩效差距吗

Lizzy说

有的能，有的不能。

每个团队负责的功能和对故事点的理解以及团队成员数量都有可能不同，因此不能直接将团队的工作量进行比较（即使是按照团队成员数量比例进行计算后的比较也是不公平的）。

但是，对于一个团队能否每个迭代都完成承诺，一个团队处理单个任务的时间这样的指标是可以进行比较的。

监测的结果重在协助团队进行自我管理。

第4章 Scrum做什么
——Scrum会议

那只名叫爱德华的熊来了，跟在柯里斯托弗·罗宾后面，只见它后脑勺着地，咚咚咚地一步步往下挪。它只知道一种方法，就是这样一步步挪下来，但它有时候觉得，如果能够停下咚咚的步伐，思考片刻，应当还有其他方法。

——《小熊维尼》（Kerth 2001）

我们正处在一个新环境中，21世纪多种因素和人类永恒互动的综合作用，使得我们需要充满活力，需要不断适应新环境的做事方式。对于一名西点军校培养出来的军人工程师而言，我难以接受这样的概念：一个问题在不同的时间可以有不同的解决方式，但这就是事实。

——斯坦利·麦克里斯特尔《赋能》

4.1 计划会议

在传统的瀑布项目里，项目经理会根据收集到的工作信息，绘制计划（例如甘特图、各种任务分配表格）来计划所有工作。团队工作人员根据项目经理的计划工作。当工作无法按时完成或者提前完成时，他们会通知项目经理这个变化。但是在Scrum里，我们不再使用甘特图来计划工作，也没有项目经理来制订计划，所有的计划工作都是通过一个由包括产品负责人、ScrumMaster和研发团队参与的计划会议完成的。

周一一早，在准备好了产品待办列表，完成了项目所需的其他启动工作后，任务板项目终于可以开始第一个冲刺了。每个冲刺的第一个节目当然是：Sprint计划会议！

老朱：“大家好，欢迎大家来到Sprint计划会议。按照我们之前的商定，我们任务板项目将以两周为时间盒进行冲刺。对应到计划会议，我们有4小时的计划会议时间盒来完成这个计划。鉴于大家以往都没有计划会议的经验，在一开始我们的会议时长会比较长，但是大家不用担心， 随着我们团队的成熟，计划会议会越来越有效率的。”

小李：“老朱将帮助我们主持最初的Sprint计划会议，如果在会议当中大家有任何问题都欢迎提问。”

4.1.1 工作量预估

老朱：“在正式开始会议之前，我先跟大家分享一下我们这个Sprint的预估工作量。

我们会在Sprint开始之前预估工作量，并且绘制一个工作量估计表格。我给大家解释一下这个工作量估计表格。

我们的冲刺时长是两周，正常情况下是10个工作日。在冲刺1当中，正好有一天清明节的公共假期，所以公共假期那一列我填写了1，工作日那一列我填写了9。Dave计划请一天假，所以计划休假那一列我也填写了1。我们的研发团队一共有三名研发（Dave，Jarod，Jason），两名测试（Amy，Kelsi），一名主任工程师（Stephen，50%的工作量）和一名UI设计师（Cindy，50%的工作量）。

任务板项目　冲刺1　工作量估计

4月1～14日

工作量估计	
公共假期	1
工作日	9
团队成员	7
计划休假	1
其他时间	20%
Subtotal	
总工作量	42.4
可完成用户故事点数估计	

团队成员工作量估算/d				
团队成员	总工作量	研发	测试	UI
Dave	8	6.4		
Jarod	9	7.2		
Jason	9	7.2		
Amy	9		7.2	
Kelsi	9		7.2	
Stephen	4.5	3.6		
Cindy	4.5			3.6

我们的工作大致分为三类：研发工作、测试工作（包括自动化测试工作）和UI设计工作。在团队成员工作量估算的表格里面，可以体现出在这三类工作中我们的可用工作量。

有两个比较有趣的地方不知道大家注意到没有，有一列信息叫作‘其他时间’，我在这里填写的数字是20%。而且在团队成员工作量估算表格里面，每一个成员的总工作量都与另外三列的‘研发’‘测试’‘UI’不相等（例如，Dave的总工作量是8天，但是他只有6.4天的研发工作量，大家会不会问其他的1.6天哪里去了）。

先来解释20%这个数字。大家都知道，Scrum有一些固定的会议需要团队成员参加，例如现在我们正在召开的计划会议，这些会议会占用我们一部分时间。而且，处于组织中，我们还会有其他的一些会议、工作必须完成，这些工作也会占用我们一部分时间。为这些工作预留时间是很多Scrum团队的做法。因此，我们为大家预留了20%的时间来完成这些可以统一被称为‘其他’的工作。这个20%是可变的，随着项目的进行，我们可以根据实际情况增减这个预留的时间。

了解了这个20%的由来，大家应该就能明白刚才我们说的第二个问题了。还是拿Dave举例子，他的总工作量是8天，研发工作量为6.4天，剩下的1.6天是留给‘其他’工作的。再例如，Stephen作为主任工程师，他只有一半的工作量在我们的项目中，因此，他的总工作量是4.5天，减去他的‘其他’工作，因此他的工作量是3.6天。

现在大家明白这个表格了吧？经过计算，实际工作量这一列里出现了很多的小数。为了便于操作，我们一般会对这些小数取整数位。

团队成员工作量估算/d				
团队成员	总工作量	研发	测试	UI
Dave	8	6		
Jarod	9	7		
Jason	9	7		
Amy	9		7	
Kelsi	9		7	
Stephen	4.5	3		
Cindy	4.5			3

这就是取完整数位以后的工作量估算了。另外大家发现一个问题没有？Stephen和Cindy的工作量本来是3.6天，我们这里却只保留了3天。这是因为，对于Stephen和Cindy，他们两个是跨多个团队工作，为了照顾到多个团队的工作，他们需要更多的时间来处理工作切换，因此我们将他们的工作时间写成了3天。

现在大家应该都明白了工作量预估的意思了，就是了解一下团队单个冲刺的工作能力。大家注意到了吗？估算表里有一列是空着的‘可完成用户故事点数估计’。这个问题我会在接下来的会议当中为大家解答。”

4.1.2 计划会议第一部分：做什么

老朱：“现在让我们开始计划会议，我们的会议会分两步进行。第一步，我们要决定接下来的Sprint要做什么；第二步，我们要决定怎么做。下面，让我们有请产品负责人帮我们介绍Sprint目标以及产品列表中高优先级的条目。”

小王：“大家好，这个Sprint的目标应该是能够显示任务板页面并且显示项目以及任务的信息。这个是按照优先级排列的产品列表。”

标号	工件（列表条目）	功能模块	史诗级故事	描述	接收标准	状态	备注	大小估算	MoSCoW
1	显示任务板页面	电子任务板	任务板可以显示工件/任务信息	作为用户，我想打开独立的任务板页面，这样我就可以使用任务板管理项目	（1）主菜单页面应该有任务板菜单，可供用户单击进入（默认的任务板页面） （2）默认的任务板页面应该可以打开并且关闭		关于用户类型，权限控制在接下来的工件里完成	M	Must Have
2	显示任务板页面基本信息	电子任务板	任务板可以显示工件/任务信息	作为用户，我想任务板页面显示项目基本信息，这样我就可以知道任务板所显示的信息	（1）任务板页面显示项目名称（具体UI要求请参照UX提供的设计） （2）任务板显示基本的泳道信息（泳道信息应该被分为三列：待办，进行中，完成） （3）随着浏览器的放大和缩小，显示自动调整		泳道的自定义功能将在接下来的工件里完成	L	Must Have
3	显示用户故事具体信息	电子任务板	显示工件具体信息	作为用户，我想任务板页面显示工件具体信息，这样我就可以在任务板中看到项目中的所有任务信息	（1）项目中的每个用户故事以卡片的形式显示在任务板上 （2）根据用户故事的状态显示在任务板的不同泳道中 （3）显示用户故事的名称（折行，对齐，字体的格式暂不做要求）		先显示出用户故事，任务和其他细节要求在之后的用户故事中完成	XL	Must Have

续表

标号	工件（列表条目）	功能模块	史诗级故事	描述	接收标准	状态	备注	大小估算	MoSCoW
4	自定义用户故事状态页面	电子任务板	任务板支持用户自定义配置	作为用户，我希望可以自定义用户故事的状态，这样我就可以通过不同的状态来区分故事完成情况	（1）任务板页面显示按钮“设置”→“自定义用户故事状态” （2）通过单击“设置”按钮，可以进入“自定义用户故事状态”页面		自定义用户故事状态页面的具体功能实现在接下来的用户故事里完成	L	Must Have
5		电子任务板	任务板支持用户自定义配置						
6		电子任务板	任务板支持用户自定义配置						
7		—	—						

老朱："现在我们可以一条一条地从最高的优先级的用户故事开始讨论。小王，你可以帮忙从第一条用户故事开始介绍吗？"

小王："第一条用户故事要求是显示任务板的页面。用户可以从我们公司主页面的菜单选择进入任务板页面，浏览器会打开一个新的页面来显示任务板，这个页面是可以关闭的。"

Amy："这个任务板页面要显示成什么样子？ UI有设计吗？另外，我们是要和公司其他产品一样支持IE、Chrome和Firefox浏览器吗？对这些浏览器的版本有什么要求没？"

小王："我们目前就想先做一个简单的页面，还没有对任务板页面的UI、背景这些做设计。这个任务应该是Cindy的工作，我会把它加到产品列表当中。和咱们公司其他产品一样，我们的任务板需要支持你刚提到的三种主流的浏览器。关于浏览器版本的支持问题也和其他产品一样，例如IE，我们支持的应该是IE 9以上的版本。"

老朱："关于浏览器兼容性方面的功能，应该写入我们的DoD完成标准里，所有的用户故事都应该支持这个兼容性的要求。大家同意吗？"

团队所有人："同意！"

小王："关于这个故事，大家还有什么问题吗？"

Jarod："我们需要任务板的URL地址。"

小王："嗯，就用任务板的英文吧：board。"

Kelsi："这个应该写到用户接收标准里。"

老朱："说得对，Kelsi！"

Amy："小王，我有一个问题。你在备注当中提到的用户类型、权限控制这些功能，你准备放进产品列表当中吗？你计划什么时候做呢？”

小王：“我会在需求更加明确以后添加相应的用户故事到产品列表当中。具体什么时候去实现相应功能，我还说不好。至少咱们最近的发布是不需要考虑这个问题了。目前来看，我们就只有一种拥有所有权限的用户就可以了。”

Stephen：“嗯，既然以后会有多种类型的用户以及权限管理，虽然不需要现在做，但是我们在设计的时候还是需要考虑这些问题。”

……

老朱：“大家讨论得很好。我们现在要做的就是把产品负责人提出的每个用户故事要做什么讨论清楚。在讨论过程中，充分提问，发现问题，解决问题。”

（经过了一个多小时的讨论，大家讨论清楚了产品经理提供的用户故事。）

4.1.3　计划会议第二部分：怎么做

老朱：“经过充分的讨论，对于冲刺要做什么工作我们已经非常清楚了。现在需要团队讨论怎么做。大家需要根据对用户故事的理解，估算出完成任务需要的工作量，并且创建出具体工作的任务。

大家还记得会议一开始为大家解释工作量估算表时，我跟大家卖的关子吗？什么是‘可完成用户故事点数估计’？我现在为大家讲一讲如何估算工作量，然后解释这个概念。

我相信大家都有过这样的经历，花费大量的时间和精力把模糊的需求分解成详细的任务，但是却总是不可避免地遇到范围变更，于是再调整再计划。这种经历应该让大家很痛苦吧？Scrum团队广为使用的一种更有效的方法可以用来解决这个问题——相对估算。这种方法独有的优雅简洁最终让大家信服：在又长又黑的估算隧道中，还是有些许光亮的。我要为大家介绍相对估算的方法，并且我们将用相对估算的方法来估算我们需要完成的任务的工作量。

首先，问大家一个问题，大家觉得为什么要估算？”

小王：“估算可以帮助我们做周全的决定。例如，我问住在北京的一对夫妇他们喜欢到哪儿度假，北戴河还是大溪地。他们会选择哪个？当然两个可能都有。但是，不能忽略两个重要的因素：时间和预算。假设他们更喜欢大溪地，但他们也许没有为长途旅行攒够假期或者没有足够的预算。那么他们如何知道自己能不能负担得起这次旅行呢？很简单，他们要估算旅行的天数和费用。这些思考原则同样适用于我们在软件产品心愿单上的需求。”

Stephen：“估算可以帮助我们设定目标。例如，如果我给自己制定了一个最后期限，就会全力以赴确保达到目标。当然，也有估算完全不靠谱的时候——这时不需要不可持续的豪言壮语和英雄行为——但估算和设定目标这个做法毫无疑问可以帮助你保持专注并取得最大成果。”

老朱：“既然估算是有必要的，现在我们就来聊一聊如何进行估算。

目前，最常用的估算产品列表条目的单位是故事点和理想天数。两者之间并不存在谁对谁错。但是，在实际项目中更多的团队会选择使用的故事点技术进行相对估算。

那么，到底什么是相对估算呢？相对估算使用‘比较’的原则，团队不是把需求拆分为一个个任务并估算任务的大小，而是对完成一个新需求所需的相对工作和以前估算过的需求进行比较。

例如，对一个苹果有多大，我可能并没有概念。但是对于讨论一个苹果相对于另一个苹果有多大就比较容易了。

所谓故事点就是用于衡量产品列表条目的大小和数量。故事点的目标是比较各个故事，然后说：‘嗯，如果创建一个记录卡是两个故事点，那么搜索一个记录卡就应该是8个故事点’，这就意味着搜索故事大概是创建故事的4倍大小。

为什么大家会更倾向于使用故事点进行估算而不是理想天数呢？

首先我们明确一下什么是理想天数？理想天数代表完成一个故事需要多少个工作日或人·天。

之所以更喜欢以故事作为相对估算的一个重要因素，是因为理想人·天可能会引发误解。

例如，小王也许会问Jarod‘这个用户故事你多久能完成？’Jarod会说：‘我的预估是两个理想人·天。’小王就会说：‘嗯，现在是周一的早晨，也就是说你周三早上可以提交？’Jarod则会说：‘不是，我是说两个理想人天，我周一要参加个会议，周二我有一个其他的任务需要完成。所以，我大概要周五下午才能完成这个故事。”

小李：“老朱，我有点儿糊涂了。还记得在最开始你介绍Scrum工作方式时都是用人·天的方法来估算的工作量。我能明白使用故事点估算的好处。但是你能告诉我为什么之前你要用人·天来举例子吗？”

老朱：“小李，你的心思还真是很细腻啊。在最开始我向大家介绍敏捷和Scrum的时候，我希望尽量介绍得简单一些，以便大家能够掌握最关键的一些概念。因此，我使用了‘人·天’技术来估算工作量。现在不同了，我们要在实践中进行估算并且大家对基础知识已经更加熟练了，所以我要为大家介绍——这个在大部分组织中我们更倾向使用的——故事点技术来估算了。

说了这么多，但大家仍旧不知道怎么完成估算，对吗？接下来，我为大家介绍规划扑克技术。”

老朱：“我手里拿着的这个扑克就叫作规划扑克。他们看起来很像扑克对吧？但是，卡片上不是黑红梅方，而是用点数来代表故事大小的斐波那契数列：1/2，1，2，3，5，8，13，20，40，100，无穷大（无限大的意思是说：这个功能太大了，没法估算，需要拆分）。我们要用这个扑克来进行估算。

好了，现在我把规划扑克发给大家。我会带领大家一起来完成第一个用户故事的估算。”

大家都拿到牌以后……

老朱：“下面让我们从第一个显示任务板页面的用户故事开始估算，请大家每个人挑一张自己觉得最接近这个故事所需工作量的卡片，把印有数字的一面朝下。”

Amy：“我有一个问题，我怎么确定这个故事是几点呢？”

老朱：“好问题，Amy。大家都发现了吗？我们根本选不出来这个故事是几点。大家觉得问题在哪里？”

Stephen：“因为我们不知道什么样的任务对应着任务点数1。”

老朱：“对的。Stephen说得很对。因此，我们现在需要做最初的校准。我的建议是我们找到一个过去历史中我们做的一个简单的大家都熟悉的任务，然后以这个任务为用户故事点1。”

Jason：“之前我们一起做的那个用户信息系统的用户信息编辑页面的用户必填项功能怎么样啊？我认为那个功能很简单……”

……

大家最终取得了对初始用户点“1”的一致认知（对初始校准的更多信息，请参见Scrum捷径相关章节）。

老朱：“好了，既然大家已经讨论好了。我们可以出牌了吧？”

Kelsi：“我还是有问题。我必须估算整个故事的工作量吗？还是估算和我自己专长相关的测试任务的工作量呢？程序员是只估算编程的工作量吗？”

老朱：“大家要估算整个故事的工作量，而不只是你自己专长的那部分。也许你会问，怎样才能做到每个人都参与估算自己不熟悉的领域呢？请大家根据经验进行一个综合性的估算。像我们这样刚刚开始的，也许有些难。但是，随着我们经验的积累，这种综合性的估算的准确度会越来越好的。（如果团队成员无法对整个故事进行估算，大家协商一致的情况下，可以只对自己擅长的领域进行估算。但是估算整个用户故事的工作量是团队努力改进的目标。）”

Amy：“这个……还真是有点儿难……”

老朱：“好了，我们继续，现在大家同时翻牌，亮出自己的卡片。”

小李：“嗯……有三个2、两个3和两个5。”

老朱：“出5的同学，能说一说你们为什么选择5吗？”

Amy：“我想着，这个故事的兼容性测试有可能会需要多花点儿时间，因为是第一个故事，我们可能需要更多的测试。”

Stephen：“虽然没有写在接收标准里，但是我在想，要不要把任务板架构的最初的一部分放在这个故事里，如果这样的话这个故事就有点儿大了。我认为需要5个点。”

Kelsi：“自动化测试的工作也需要包括在这个故事里吧？我刚才选了3点。但现在看来，我认为5点更合适。”

Jason：“我刚才选了2点，但我没有考虑到大家刚刚说的这些任务。现在我同意把我的2点改成5点。”

老朱：“好吧，那我们再重新出一次牌吧。看看我们这一回能不能达到一致。”

最终大家达成一致，认为这个故事的工作量是5个点。

老朱：“现在我们需要创建这个用户故事的任务。例如，测试，自动化测试，前段后段编码，数据库……”

于是大家创建了相应的任务。

按照这个流程大家又继续完成了几个用户故事工作量的估算。

老朱：“好了，我们现在进入到下一步。来看看我们这个Sprint能做完几个故事。大家认为你们能够做完第一个用户故事吗？它有5个故事点？”

大家表示可以。

老朱：“我们能在完成第一个用户故事的基础之上，完成第二个用户故事吗？它有3个点。”

大家表示可以。

老朱：“我们能在完成前两个用户故事的基础之上，完成第三个用户故事吗？它有5个点。”

大家表示可以。

老朱：“我们能在完成前三个用户故事的基础之上，完成第四个用户故事吗？它有5个点。”

大家表示，这有点儿困难，无法保证肯定完成。

老朱：“好的。那么我们这个Sprint就承诺完成前三个故事一共13个故事点。故事4如果我们有余力的话就做。现在让我们明确一下我们的冲刺目标：

（1）显示任务板页面；

（2）显示项目以及任务的信息。

我们承诺完成13个点的工作。产品负责人对这个冲刺目标和完成的具体用户故事有意见吗？”

小王：“我可以理解为团队承诺在迭代中一定完成前三个故事，如果有余力的话会尝试完成故事4吗？”

小李：“对的。”

老朱：“很好。这就是我们的计划会议。我们的会议完成了冲刺待办列表，制定了冲刺目标，还完善了DoD列表。非常感谢大家刚刚4小时的全情投入。和我们的产品一样，我们的计划会议也需要在不停的迭代中逐步完善，走向成熟。大家不用着急。

最后，我想问大家还记得我们估算工作量列表里的‘可完成故事点数估计’列吗？在下个Sprint的估算工作量表格里我会根据咱们Sprint 1 的故事点完成实际情况来直接估算我们Sprint 2的可完成故事点数，以此来为团队提供重要的参考。

（Sprint（*n*−1）故事点数/Sprint（*n*−1）工作人·天数=Sprint*n*故事点数/Sprint*n*工作人·天数）。”

4.1.4 Sprint待办列表

计划会议结束后的Sprint待办列表如下。

标号	工件（列表条目）	功能模块	史诗级故事	描述	接收标准	状态	备注	大小估算	MoSCoW	迭代	故事点
1	显示任务板页面	电子任务板	任务板可以显示工件/任务信息	作为用户，我想打开独立的任务板页面，这样我就可以使用任务板管理项目	（1）主菜单页面应该有任务板菜单，可供用户单击进入（默认的任务板页面） （2）默认的任务板页面应该可以打开并且可以关闭		关于用户类型，权限控制在接下来的工件里完成	M	Must Have	1	
2	显示任务板页面基本信息	电子任务板	任务板可以显示工件/任务信息	作为用户，我想让任务板页面显示项目基本信息，这样我就可以知道任务板所显示的信息	（1）任务板页面显示项目名称（具体UI要求请参照UX提供的设计） （2）任务板显示基本的泳道信息（泳道应该被分为三列：待办，进行中，完成） （3）随着浏览器的放大和缩小，显示自动调整		关于泳道的自定义功能，将在接下来的工件事里完成	L	Must Have	1	3

续表

标号	工件（列表条目）	功能模块	史诗级故事	描述	接收标准	状态	备注	大小估算	MoSCoW	迭代	故事点
3	显示用户故事具体信息	电子任务板	显示工件具体信息	作为用户，我想让任务板页面显示项目中工件的具体信息，这样我就可以在任务板中看到项目中的所有任务信息	（1）项目中的每个用户故事以卡片的形式显示在任务板上 （2）根据用户故事的状态显示在任务板的不同泳道中 （3）显示用户故事的名称（折行，对齐，字体的格式暂时不做要求）		先显示出来用户故事，任务和其他细节要求在之后的用户故事中完成	L	Must Have	1	5

4.1.5 计划会议以后

在计划会议结束以后，团队成员立即开始按照计划会议上的讨论将用户故事分解成各个小的任务，在Jira系统和物理任务板上按照既定的工作流程创建相应任务，并且标记完成任务所需的时间。（这个工作也可以在计划会议上由指定的人员来完成；完成任务所需的时间并不是必填项，根据团队实际情况可以进行裁剪。）

小李：“老朱，你看看现在还有什么需要我们做的？”

老朱：“我们整个团队要时刻更新这些任务和用户故事的状态。”

小李：“嗯！计划会议给我们开了个好头！”

图解Scrum

Sprint计划会议

产品负责人跟团队一起商讨在这个Sprint中他们想把哪些产品列表条目变成为可工作的产品	产品负责人负责讲清楚对于业务来说哪些需求是最重要的	团队负责选定可完成的工作并将工作从“产品列表”拉入Sprint列表

知识小结

Sprint中要做的工作在Sprint计划会议中来做计划。Sprint计划会议是由时间盒限定的。ScrumMaster要确保会议顺利进行，并且每个参会者都了解会议的目的。

Sprint会议回答以下两个问题。

（1）这个冲刺能做什么？

开发团队预测在这次Sprint中要开发的功能。产品负责人讲解Sprint的目标以及达成该目标所需完成的产品待办列表。整个Scrum团队协同工作来理解Sprint的工作。

Sprint会议的输入是产品待办列表，最新的产品增量，开发团队在这个Sprint中能力的预测以及开发团队的以往表现。开发团队自己决定选择产品待办列表项的数量。只有开发团队可以评估接下来Sprint可以完成什么工作。

（2）如何完成所选的工作？

在设定了Sprint目标并选出这个Sprint要完成的产品待办列表项之后，开发团队将决定如何在Sprint中把这些功能构建"完成"产品增量。这个Sprint中所选出的产品待办列表项加上如何交付它们的计划就是Sprint待办列表。

开发团队通常从设计整个系统开始，到如何将产品待办列表转化成可工作的产品增量所需要的工作。工作有不同的大小，或者不同的预估工作量。然而，在Sprint计划会议中，开发团队已经挑选出足够量的工作，以此来预估他们在即将到来的Sprint中能够完成。在Sprint计划会议的最后，开发团队规划出在Sprint最初几天内所要做的工作，通常以一天或更少为一个单位。开发

团队自组织地领取Sprint待办列表中的工作，领取工作在Sprint计划会议和Sprint期间按照需要进行。

产品负责人能够帮助解释清楚所选定的产品待办列表项，并做出权衡。如果开发团队认为工作过多或过少，他们可以与产品负责人重新协商所选的产品待办列表项。开发团队也可以邀请其他人员参加会议，以获得技术或领域知识方面的建议。

在Sprint计划会议结束时，开发团队应该能够向产品负责人和ScrumMaster解释他们将如何以自组织团队的形式完成Sprint目标并开发出预期的产品增量。

Lizzy说

经常听到一些伙伴抱怨计划会议时间太长，太烧脑。按照《Scrum指南》的说法，一个两周的迭代可以有最多不超过4小时的计划会议时间。4小时的确不是很短的一段时间。如果你的团队无法集中4小时的精力，那么把计划会议在物理时间上分割成两部分会是一个不错的选择，计划会议1和计划会议2（分别来完成计划会议的两部分）。

当然每个团队的情况不尽相同。我所工作过的团队里的一些团队只需要1小时的时间就可以完成计划会议，当然这有赖于团队对于产品功能的理解和熟悉，同时也依赖于产品负责人和团队成员之间充分的沟通和彼此的信任。一个相对普遍的规律是，随着团队成熟度的上升，计划会议所需要的时间会下降。

学以致用

试着使用故事里提及的一些计划会议的技术到你实际工作的项目中，也许你会发现团队的计划会议效率有大幅度的提升。

4.2 Scrum每日站会

提起Scrum，很多人可能第一反应会是“每天都站着开会”。站会是Scrum最有名的一项活动。每日站会就是团队的脉搏，健康的脉搏稳定，持续而又轻快。甚至很多不具备实践敏捷的组织和项目，都会使用每日站会这个活动来促进沟通。

一早，老朱和小王召集团队成员一起开每日站会。

老朱：“大家早上好，也许大家已经注意到了，小王已经向大家发出了每个工作日循环的站会邀请。从今天起，我们每天的这个时间都会聚在一起开会。我们已经通过调换工位的方式把大家的办公桌聚到了一起。在我们组工位的边上，我们准备了一块白板，以后这块白板将作为我们的任务板。我们的每日站会就在这里举行了。”

小李：“老朱说的没错。我会在每个Sprint开始的时候，将这个Sprint我们承诺要完成的所有用户故事写在便签纸上并且贴在白板上。大家在每日站会或者任何时候都可以根据自己的工作进展来调整任务板上便签纸的位置。我们还计划以后在任务板上包括更多的内容，例如，阻碍我们进展的问题，还有Sprint燃尽图等。

看着大家的眼神有点儿疑问啊。没关系，大家有问题就说。”

Kelsi：“我们每天都讨论啊？讨论什么啊？我们都坐在一起了，有什么事儿我们可以随时沟通的。”

Jason：“……你们觉得我们真的需要每天都开会吗？好多会啊！这样做有意义吗？我们真的有足够的信息需要每天都沟通吗？”

老朱：“Jason和Kelsi问的这个问题应该不止他们两个人才有，大家多多少少在每日站会这个活动开始的时候有抵触情绪，认为没有必要这么频繁地开会吧？”

Amy：“我想每日站会应该有点儿用吧，通过这个会大家至少可以互通有无。但是，我也同意Jason的说法，天天都开还固定开会地点，这是不是有点儿形式主义了？”

老朱：“大家已经开过计划会议了。大家觉得计划会议和以前大家参加过的会议有什么区别吗？”

Kelsi：“以前开会，感觉自己无非是做两件事：要么别人做好决定，我听人家宣布决定；要么我做了工作，我来告诉大家我的工作成果。但是，昨天的计划会议，我第一次感觉到自己在通过开会和大家沟通，讨论，最终做出团队共同的决定。”

老朱：“Kelsi，总结得很好。这是我想和大家强调的最重要的一点。和计划会议类似，每日站会也是通过会议的形式把大家组织到一起来检视和调整的。和以往的每周、每月的部门例会是不同的，我们不需要做报告，写总结，不需要报告给‘老板’。”

Jason：“要是这么说，那我也同意要开这种沟通的会议。但是，如果需要开会我总是要准备一下的，每天一个还是有浪费时间的嫌疑啊。”

老朱：“Jason，你仔细观察每日站会议程范例里面的这三个问题，如果不开会的话，你是否也需要在每天的工作中考虑这三个问题呢？我们的会议就是站在任务板前大家共同讨论一下，你每天想好了这三个问题把你的想法和大家分享一下就好，你不用刻意准备。”

Stephen：“我也有个问题，为什么要站着开会呢？坐着还不成啊？”

老朱：“这是个微妙的区别。站立这个动作会给团队一种活力感，可以开启新的一天；而且它可以保证会议简短而高效，免得大家站得腿发酸。”

……

老朱：“好的，大家没有其他问题的话我就继续介绍。我们有三条规则希望大家能够遵守：

（1）每次站会一开始，我们会先标记迟到的人。

（2）任何人迟到，如果没有事先请假，没有正当的理由，就要把钱放到我们任务板边上的存钱罐里。

（3）请大家在开会时围绕着任务板站好。

现在我们需要第一个发言者来为大家打个样。有哪位同事愿意第一个发言吗？”

Amy：“我来吧。我昨天参加了计划会议并且开始着手准备显示任务板页面这个用户故事的功能测试用例。今天，我计划完成功能测试用例的设计，并且和研发工程师讨论我的测试用例。我们目前测试环境的搭建还是有问题， 设备组那边虽然为我们提供了Server但是我没有拿到相应的权限。”

老朱：“感谢Amy的发言。为‘显示任务板页面’这个用户故事设计功能测试用例的任务已经在任务板的‘待办’列了，你可以在说的时候直接把这个任务挪到‘进行中’这一列。关于测试环境用户权限的问题，刚才你说的时候我已经把这个问题记录在了一个便签纸上并且贴在我们的‘问题区’。”

小李：“我会跟进这个问题，帮你解决权限问题的。”

Jarod：“我昨天搭建完成了本地研发环境，今天我准备开始在‘显示项目信息’这个用户故事上工作。我今天早上发现，为了实现这个信息，我们需要仔细考虑数据库表要如何设计的问题。你看我是这么想的……”

老朱：“不好意思，Jarod，我需要打断一下你的发言。数据库表设计的具体问题不应该是我们这个会议讨论的内容，我们可以会后讨论你的问题。我知道这个问题很重要，但是让我们先完成所有团队成员的更新。”

……

会后，小李对老朱说：“老朱，我知道站会不应该是团队成员轮流向ScrumMaster和产品负责人做报告。但是，我的感觉是我们的团队成员还是倾向于牢牢盯着我向我介绍情况。我该怎么办呢？”

老朱：“小李，你明天再看到大家盯着你看的时候，你可以慢慢转身，或是抬头看着天花板，我之前发现这个行动上的暗示可以迅速帮助团队改掉这个坏习惯。”

小李：“多谢啊，老朱。关于站会，你还有什么经验可以分享给我吗？”

老朱：“我有几条建议分享给你。

（1）以后，你主持站会的时候，我建议可以考虑在站会正式开始之前，开一些轻松的玩笑，让大家感到会议的氛围是轻松正面的。

（2）惩罚措施现在是迟到者在存钱罐里存钱。以后，团队可以发挥想象力来考虑用什么方式惩罚规矩的破坏者。例如，我以前遇到过的团队，他们可能会让规矩破坏者做俯卧撑。

（3）每日站会的发言顺序可以固定下来，也可以让发言顺序随机。

（4）任务板上的信息要优化并且保持最新状态，以确保团队可以充分使用它。一些重要的信息，诸如Sprint目标、回顾会议的目标、团队的一些原则都可以放到任务板上。”

小李：“老朱啊，关于任务板你有什么经验和我分享吗？”

老朱：“小李，我觉得很有意思的是，我们在开发的功能就是一个任务板的功能，我们现在又在聊我们自己的项目的任务板要怎么做。哈哈。

我的建议是，任务板怎么用的最重要标准是是否方便团队的使用，是否能够反映团队工作的情况。

只要有必要，只要团队取得一致，我们就可以按照需要调整任务板的结构。没有所谓的标准的任务板模板，只有最适合我们的任务板。

现在我们团队刚刚起步，任务板的构造比较简单。我想跟你分享一个稍微复杂一点儿的任务板，以便以后团队的工作更加多样化。以后，你可以组织团队更新任务板。请你先来看一看下面这个任务板。”

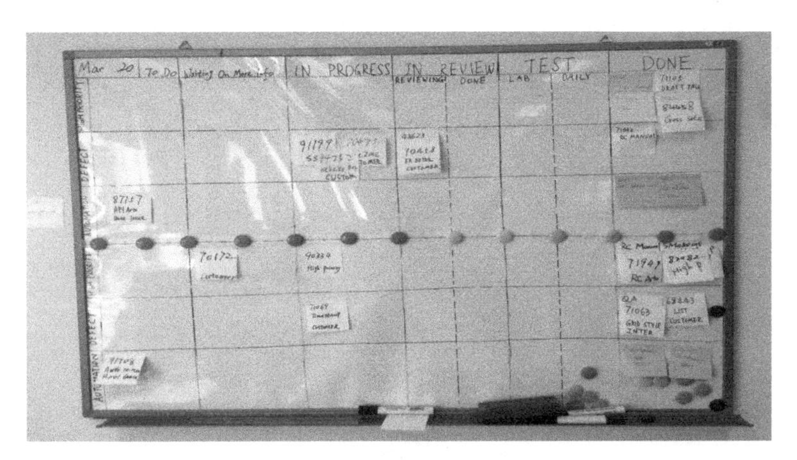

这个任务板是我之前一个Scrum项目用的任务板。这个项目团队除了新功能的开发以外，还有另外两个任务，分别是修改已上线的产品的缺陷以及偿还公司以往的技术负债（自动化测试用例框架

和脚本的维护及开发）。

我们将每个Sprint的工作按照比例分配给了这三部分工作，于是在任务板上我们在纵向上将任务分成了三部分：High Priority（高优先级的新功能），Defect（缺陷），Automation（自动化测试用例的维护及开发）。

同时，我们的Scrum团队注意到，测试成为团队最重要的一个瓶颈。为了明确任务的状态，我们将“Test（测试）”任务的前一步“In Review（代码评审）”步骤列拆分成了两列：Reviewing（评审中）和Done（完成评审）。这样所有在等待测试的任务都可以被放到Done这一列，这样使得我们对于等待测试的任务数量有了更加清晰和透明的认知。”

小李：“我注意到这个任务板上并没有画燃尽图，也没有记录阻碍项目进展的问题。是说这些内容是可选的吗？”

老朱：“当然。但是我还是建议尽量把这些关键的内容放在任务板上，让团队成员都可以看到。如果任务板没有地方了，你可以用任务板边上的墙上贴纸来显示这些信息。”

图解Scrum

每日站会

时间盒：15分钟	我昨天做了什么？ 我今天打算做什么？ 什么东西影响了我？	团队成员自组织会议 SM参加会议PO和其 他项目干系人可参加

知识小结

每日Scrum站会是开发团队的一个时间盒限定为15分钟的事件。在每日站会中，开发团队为接下来的24小时的工作制订计划。通过检视上次每日站会以来的工作和预测即将到来的工作来优化团队的协作和效能。每日站会在同一时间同一地点举行，以便降低复杂性。

开发团队借由每日站会来检视完成目标的进度，并监视完成Sprint待办列表的工作进度趋势。每日站会优化了开发团队达成目标的可能性。

以下是一个可以使用的会议议程范例。

（1）昨天，我为帮助开发团队达成Sprint目标做了什么？

（2）今天，我为帮助开发团队达成Sprint目标准备了什么？

（3）是否有任何障碍在阻碍我或开发团队达成Sprint目标？

每日站会是开发团队的内部会议。如果有开发团队之外的人出席会议，ScrumMaster必须确保他们不会干扰会议进行。

Lizzy说

如果你是ScrumMaster，也许你会发现团队成员有点儿抵触天天开会。如果你是团队成员，也许你会在开始认为天天开会是浪费时间。

请冷静，努力尝试着按照要求回答问题，努力尝试按时参加会议并且更新物理任务板上的信息。

用不了太久，你就会发现改变。团队成员会发现每日站会的好处，按时开会的习惯会逐渐养成。每日的检查和调整会随着团队对

Scrum的熟悉变得自然且无比重要。

学以致用

如果你是苦于团队成员每天都迟到会议的ScrumMaster，你可以尝试一下书中介绍的一些方法来帮助团队养成准时的好习惯。有时候，团队也许只是需要一个闹钟的提醒（我的团队成员曾经告诉过我，在我请假不在办公室的日子里，他们最想念的就是我的每日站会闹钟）而已。

4.3 评审会议

冲刺评审会议被有些人称为“Sprint演示”会议，因为在这个会议上团队可以炫耀他们的工作成果给项目干系人。炫耀也好，演示也罢，都说明这个会议是要展示工作成果，但你可千万别被这个表面现象所迷惑，因为评审会议更重要的是为了收集项目干系人的各种反馈，达到检视和调整的目的。

转眼间就到了迭代1的最后一个工作日了，在站会以后，老朱向大家介绍今天即将召开的冲刺评审会议。

老朱：“我需要占用大家15分钟左右的时间向大家介绍一下今天下午我们将要召开的冲刺评审会议。请大家耐心听听。

在冲刺规划期间，我们要制订工作计划。在冲刺执行期间，我们在实际地执行工作。在冲刺评审期间，我们检视并且调整工作成果。冲刺评审发生在每个冲刺迭代快要结束的时候，在冲刺执行之后，冲刺回顾之前。

我们本次的评审会议将于今天下午两点开始，产品负责人将作为团队代表向所有项目干系人介绍团队在过去一个冲刺中的成果。团队的所有成员都被邀请参与到评审会议中和项目干系人沟通。”

Amy：“老朱，我表示很困惑。我理解中的评审会议怎么和你描述的不一样呢？我以为评审会议是产品负责人跟我们研发团队逐个评审我们做的用户故事呢。”

老朱：“Amy这个问题提得特别好。评审会议的形式其实有多种，我刚刚给大家介绍的评审会议形式只是其中的一种。我来给大家讲讲。

首先，我回答Amy的问题。到底我们是要向产品经理和干系人展示呢，还是开发团队展示成果给产品负责人呢？答案是，向产品经理和项目干系人的展示都是必需的。但在评审会议上，做什么展示呢？

答案是，这两种都可以，具体用哪一种要团队自己选择。咱们的团队，在每个用户故事完成的时候，产品负责人都会在集成环境上做验收测试，只有产品负责人通过验收测试才可以关闭用户故事。因此，我们就不需要在冲刺结束时在评审会议上通过演示的方式来获得产品负责人对于团队工作的认可。

但是，有些团队他们并没有把产品负责人通过验收测试写入成为他们关闭用户故事任务的标准。产品负责人验收他们工作的方法就是在冲刺末尾通过团队演示的方式来展示成果。

我本人更推崇第一种做法，但是由于环境不同，第二种工作方式也是广泛存在的。

那么对于第一种方法来说，产品负责人层面上的评审工作在冲刺进行中就已经完成了，在冲刺末尾的评审会议上，他们唯一需要做的事就是和项目其他干系人评审产品增量。而对于使用第二种方法的团队来说，他们就需要完成所有产品经理和项目干系人的评审工作。”

Dave：“嗯，我明白了。能再解释一下项目干系人都是哪些人吗？”

老朱：“评审会议是一个很特别的会议，Scrum里的其他会议都是团队内部会议，不邀请他人参与。但评审会议对项目外的人开放，包括Scrum团队、内部干系人、外部干系人的所有项目相关人员都可以与会。”

来源	描述	目的
Scrum团队	产品负责人，ScrumMaster和开发团队	听到反馈，回答问题
内部利益干系人	业务负责人、管理人员、经理	检查进展，提出建议
	销售、市场营销、支持、法律	提出相关领域的反馈
外部利益干系人	外部客户、用户、合作伙伴	提供反馈

小王：“老朱，作为产品负责人，我应该准备会议当中的演示对吗？我应该准备成什么样子呢？”

老朱：“一般情况下，产品负责人都是最合适的进行演示的人。但是，我们也在实践中有过很多研发团队成员展示成果的经历。展示团队的成果对于团队成员是一个非常大的激励。所以，如果有机会，我建议大家以后都尝试做一下演示。

至于如何准备演示？演示准备成什么样子？在回答这个问题之

前，我首先想理清一个问题。

冲刺评审常常会被误认为是‘冲刺演示’或干脆被当作‘演示’。虽然演示在冲刺评审中很有帮助，但演示并不是冲刺评审会议的目的。评审会议的目的是什么大家还记得吗？是参与者深入交谈，合作讨论出建设性的建议和意见。而演示实际上只是展示工作的一种途径。虽然我们刚才用演示的方式和对象来区分评审会议的各种表现形式，但我一定要强调，评审会议的目的并不是只是做演示。

当然除了上述目标外，评审会议的另外一个目的是要和与会的项目干系人一起对下一个Sprint要做的产品列表达成共识。我所说的共识并不是我们之前计划会议上所做的计划，而是对下个Sprint做什么事情的一个大致的、方向性的确定。

现在回答小王的问题，如何准备演示。演示稿本身不用很复杂，记住我们并不需要做很炫的演示，只要能够介绍清楚我们实现的功能就足矣。花费额外的时间在做PPT和做动画上都是无意义的（打开你的集成测试环境，向与会者展示增量，既直观又经济；当然，如果你的组织在展示方面有特别的要求，或者有非常重要的高层参加你的评审会议，演示的准备就另当别论了）。通过演示，我们要达到的目的就是为深度的讨论提供足够的信息。

记住积极鼓励参会者就产品和方向发表评论，进行合理的讨论是非常必要的。

通过演示和讨论，团队应能够梳理清晰以下几个问题。

（1）与会者喜欢他们看到的东西吗？

（2）他们希望看到什么变化？

（3）产品在市场上或对内部客户来说仍然是一个好的想法吗？

（4）我们是否遗漏了重要的特性？

（5）我们是否在不必要的特性上过度开发/投入？”

小李：“老朱，我来重述一下我对你刚才讲解的理解。评审会议按照演示的对象可以分为不同的形式。但评审会议的目标不单是演示成果，更重要的是与会者之间深入的讨论，以发现和解决问题。因此，演示的准备应该更注重实际效果而不是形式。而更重要的是，与会者在演示后的充分讨论。除此之外，评审会议还会确认下一个Sprint要做的事情。”

老朱：“非常正确，小李。作为会议的主持者，ScrumMaster需要确保所有干系人能够按时与会，会议议程清晰而且所有与会者都了解到会议的目的，会议当中能够控制会议进度和讨论的方向。我给你准备了一个评审会议准备流程的清单，你可以作为参考。记住，由于评审会议涉及众多的干系人参与，因此，要提早准备这个会议，而且会议的形式也的确是比我们Scrum里面的其他会议更正式。如果有北京研发中心的经理甚至更高级别的领导参与的话，你就需要考虑更多的细节。”

……

评审会议流程

（1）会前：提前发送评审会议邀请给干系人。

确定会议室、与会人等相关信息。

（2）会中：会议议程。

- 会议开始：介绍会议目的和时间安排。
- 演示：团队代表演示冲刺成果。
- 讨论现状。

> - **讨论障碍和改进。**
> - **确定下一个Sprint要做的产品列表共识。**
> - **会议总结。**
>
> **（3）会后：会议纪要梳理及跟踪。**

任务板项目组Sprint 1评审会议与会者：

- 包括产品经理、ScrumMaster、研发团队在内的所有Scrum团队成员。
- 敏捷教练老朱。
- 北京研发中心经理老王。
- 市场部门同事Chris。
- 销售部门同事Kate。

评审会议中……

小李："大家好，欢迎大家来到任务板项目Sprint 1的评审会议。今天的会议安排是：首先由产品负责人小王向大家展示项目组在过去的一个Sprint中完成的功能。然后，我们将根据大家的反馈进行讨论，并且如果有必要的话将调整产品列表。最后，我们会总结所有需要追踪的下一步工作。再次感谢大家的支持。下面请小王来介绍我们的进展。"

小王："大家好，在刚刚过去的第一个Sprint当中，任务板项目组团队实现了我们的目标：

（1）显示任务板页面；

（2）显示项目以及任务的信息。

这些功能现在都已经完成了，包括研发环境、集成环境和待发布环境上的测试，随时可以部署到生产环境当中。现在我来为大家演示一下这些功能……”

老王：“嗯，很好，刚刚两周就能看到一些功能。这些功能最快什么时候能够上线呢？”

小王：“按照我们的发布计划，我们需要8个左右的Sprint来完成第一版上线需要的功能，然后就可以上线了。所以大概4个月的时间就可以发布给客户了。”

老王：“嗯，按照我的理解，销售部门希望我们可以在3个月内上市第一个版本，这样可以为公司带来更多利润。小王，你可以调整你的发布计划以适应市场的需求吗？”

小王：“这个我需要时间考虑一下，会后我会跟进这个问题。”

市场部门同事Chris：“那我们相应的市场宣传的准备工作也要提前着手做了。小王，你们现在能提供一些项目核心功能的介绍和界面的截屏给我们吗？”

小王：“文字介绍我可以很快给你。但是界面的截屏按照产品列表的排序，我们的UI设计还需要一段时间，所以界面的截屏目前还不能提供给你们。”

UI设计师Cindy：“Chris，我有一些UI设计的草稿，不知道对你们有没有帮助？”

市场部门同事Chris：“有草稿也是好的，至少能帮我们大概理解你们项目的功能。Cindy，你要是能发给我们看看就太好了。”

销售部门同事Kate：“小王，我最近从客户那里得到的反馈是，如果任务板可以自动生成一些报告的话，他们会更加满意。你们在这个功能方向上有没有什么计划呢？”

小王："这个我们目前还没有计划，我会仔细考虑这个问题，如果有必要的话，咱们单独约一个会议再仔细聊聊这块儿，可以吗？"

销售部门同事Kate："可以啊。"

市场部门同事Chris："小王，据我所知美国总部的一个研发团队在开发一些报告功能相关的模块，近期他们就要发布了。"

老王："小李，下次当团队确认了Sprint目标后，也请你将目标分享给我，我对团队每个Sprint的目标很感兴趣。"

小李："好的。"

小王："下一个迭代我们打算完成显示用户故事信息相关的功能。大家有什么意见吗？"

大家表示都没有意见。由此确认了下一个迭代的工作方向。

……

会议纪要：

（1）Sprint 1完成的功能符合需求，Sprint目标实现。

（2）老王提出产品需要在3个月内上线。

（3）市场部门同事需要项目相关信息以准备相应的宣传工作。

（4）销售部门同事提出最好提供一个报告模块，这样客户会更加满意。

（5）下一个迭代团队将专注于完成"用户故事信息"显示相关的功能。

待办事项：

（1）小王：研究发布计划确认3个月内是否能上线。

（2）Cindy：提供UI设计草稿给市场部供参考。

（3）小王：提供产品功能介绍给市场部供参考。

（4）小王：确认是否要将报告的功能加入产品列表中，和总部研发团队联系确认相关细节。

（5）小李：分享Sprint目标给老王。

图解Scrum

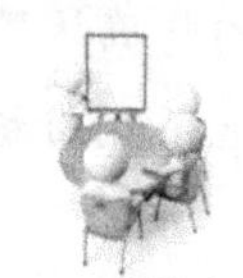

Sprint验收会议

开发团队展示这个Sprint中完成的功能	参与者包括所有对该产品感兴趣的人，客户、管理层、Product Owner以及其他开发人员等都可以参加	用Demo的形式来展示产品的新功能

知识小结

Sprint评审会议用以检视所交付的产品增量并按需调整产品待办列表。在Sprint评审会议中，Scrum团队和项目干系人协同讨论在这次Sprint中所完成的工作。根据完成情况和Sprint期间产品待办列表的变化，所有参会人员协同讨论接下来可能要做的事情来优化价值。这是一个非正式会议，并不是一个进度汇报会议，演示增量的目的是为了获取反馈并促进合作。

对于长度为一个月的Sprint来说，评审会议时间最长不超过4小时。对于较短的Sprint来说，会议时间通常会缩短。

Sprint评审会议包含以下内容。

- 参会者包括Scrum团队和产品负责人邀请的主要利益攸关者。
- 产品负责人说明哪些产品待办列表项已经“完成”和哪些没有“完成”。
- 开发团队讨论在Sprint期间哪些工作做得很好，遭遇到什么问题以及问题是如何解决的。
- 开发团队演示“完成”的工作并解答关于所交付增量的问题。
- 产品负责人讨论当前的产品待办列表的情况。他/她根据到目前为止的进度来预测可能的目标交付日期（如果有需要的话）。
- 参会的所有人就下一步的工作进行探讨，这样，Sprint评审会议就能够为接下来的Sprint计划会议提供有价值的输入信息。
- 评审市场或潜在的产品使用方式所带来的接下来要做的最有价值的东西的改变。
- 为下个预期产品功能或产品能力版本的发布评审时间表、预算、潜力和市场。

Sprint 评审会议的结果是一份修订后的产品待办列表，阐明很可能进入下个Sprint的产品待办列表项。产品待办列表也有可能为了迎接新的机会而进行全局性的调整。

Lizzy说

和其他会议一样，评审会议也没有固定的会议议程模板。每个组织和团队的情况都不同，你应该根据实际情况来制作你自己的评审会议议程。

记住，Demo的形式、PPT的美观程度都不是评审会议看重的，评审会议的目的是检查产品并且进行调整。因此，讨论问题和发现问题才是重点。

4.4 回顾会议

Scrum鼓励变化，鼓励尝试；最终目的是找到适应环境的实践；当然如果环境变了，实践就要做出相应的调整。回顾会议是Scrum检视与调整的一个重要环节。在这个会议上，团队对自己的开发过程进行改进，并确定什么样的调整可以使下一Sprint的效率更高、结果更令人满意和更易于工作。

就像我们频繁地迭代和交付是为了快速地获得外部用户的反馈，进而帮助我们做产品需求的调整一样，每个迭代的回顾会议就是想更快地得到大家对团队工作问题和改进点的反馈，帮助团队内部的工作效能和能力成长不断改进。

评审会议结束后，Scrum团队直接进入了Sprint 1的最后一个会议：回顾会议。

老朱："Sprint 1我们做得很棒，现在到了我们的最后一个会议：回顾会议的时间了。我们的回顾会议时间不会超过2小时。除了我们Scrum团队以外，其他人都不会参加我们的会议。大家加油！"

老朱："我们今天的会议包括6个环节。因为是第一次开回顾会议，我会在第二个环节介绍回顾会议需要讨论的问题。大家不用担心，我会在会议的过程中给大家解释每个环节的注意事项。

步骤	环节	时间/min	人物
1	Say Hello	5	Agile Coach/ScrumMaster主持
2	介绍回顾会议需要讨论的问题	15	Agile Coach/ScrumMaster主持
3	团队发现问题	20	团队成员思考
4	收集问题，讨论问题	40	团队成员发表意见
5	做出决定（需跟进的工作列表）	20	团队成员发表意见
6	总结，结束会议	10	Agile Coach/ScrumMaster主持

首先，进入第一个环节，Say Hello。这个环节和别的会议有点儿区别，在别的会议里一般都是会议主持者和大家问一下好，顶多再说个活跃气氛的段子。但是在我们的回顾会议上，Say Hello环节需要所有的团队成员参与其中。在这个环节中，大家需要用一个词来说一下自己对这个冲刺的感受。如果实在说不出来，你也要说'我没有'感受，总之，请大家都要发言。

从我开始说起。我对这个Sprint的感受就是：成就感。我们从无到有搭建了Scrum团队，并且完成了很多的功能。我很有成就感。

谁愿意下一个说？

小李："我的词是开心。我很开心我们能够使用新的方法来开发软件。大家每天一起密切工作，开站会，讨论冲刺目标，使用新技术，我很开心。"

Amy："我的词是挑战。坦白地说，我对敏捷的了解有限，如何在Scrum里做一个合格的测试工程师，如何探索出一条敏捷测试的流程，对我来说很有挑战，但是我也很期待能够有新的突破。”

……

老朱：“感谢大家的发言，很有意思。大家都感受到了Scrum的开发方式给自己工作带来的巨大改变。有些人感受到了开心和成就感，但同时也有些人感受到了工作上的挑战。很好，感谢大家的发言。

下面，让我给大家介绍一下回顾会议。

如我之前介绍的，回顾会议的目的是检视和调整Scrum团队的流程。为此，会议组织者会组织大家使用各种技术来进行讨论，以挖掘出团队的问题以及讨论解决方案。必须指出的是，在之前我组织过的回顾会议中，我们经常遇到以下几个问题需要引起大家的注意。

问题1：回顾会议被当成吐槽大会。大家在会议上吐槽自己的各种不爽，宣泄情绪，但是吐槽完毕后没有任何解决问题的方法提出，会后也不会有人跟进解决问题。请注意，回顾会议绝不仅仅是一个让大家畅所欲言抱怨抱怨就了事的会议，畅所欲言结束后一定要讨论解决方案并且跟踪执行。

问题2：回顾会议被当成鸡肋。很多Scrum团队会为了完成回顾会议而完成回顾会议，而无法从回顾会议当中收获到有用的交流和改进。我之前有个切身经历，在开了几场鸡肋一样的回顾会议以后，团队有成员提出，干脆取消这个会议，至于老板要求的回顾会议纪要干脆就拿之前的纪要改一改就好了……回顾会议的初衷是正确的，但是如果组织不当，或者团队成员不愿意讨论自己面临的各种问题，那么回顾会议就成了鸡肋。缺少了有价值的回顾会议的

Scrum是不完整的，团队很难完成对流程的自检和调整。

想要开好回顾会议，作为会议组织者的ScrumMaster很重要，但更重要的是Scrum团队成员的积极参与。因此，刚才我们的Say Hello破冰环节也是希望大家可以在会议一开始就可以积极参与。

接下来，让我介绍下一个环节。

我们今天的回顾会议的目标是发现Sprint 1当中我们要开始做的、停止做的和继续做的任何的事和流程。接下来，我会给大家20分钟的时间，大家自己思考一下你在这个Sprint当中发现的一些问题或者你的一些想法，然后把这些内容按照开始做、停止做和继续做这三个维度进行分类。每一个想法都写在一个便签纸上，然后分类贴在我们的白板上。现在我开始计时。大家有任何疑问都可以提出来。”

Amy：“老朱，所有和项目相关的问题都能说吗？你能举个例子吗？”

老朱：“例如，你对我们现在工作的流程有没有什么想法？例如，开会的时间？再例如，你对我们的测试环境的稳定性感觉如何？”

Jason：“必须是问题吗？我必须给出问题的解决方案吗？”

老朱："不用必须是问题，如果你认为有一些好的方法我们应该继续，或者有一些坏的方法应该停止，你也可以提出来。例如，你认为我们的沟通很好，应该继续，那你就可以把这个提到'继续做'的列表里。即使你提出了问题，在我们现在收集问题的阶段你也不用提出解决方案，我们会在接下来的环节里共同讨论解决方案。"

20分钟后，大家把发现的内容填写在了便签纸上并且贴在了白板上……

老朱："好了，我们收集了很多内容，现在我们逐一讨论。当我指到某个便签纸的时候，麻烦写这个便签的同事帮忙解释一下便签上的内容。"

老朱指到了"开始做"当中的一个条目……

Jason："这一条是我写的，我写的内容是'把每日站会从9点挪到9点半'。我的想法是这样的，我能理解我们在每天早上到公司以后第一件事就开站会，这样有利于我们团队成员利用好接下来一整天的时间。但问题是，北京的交通实在是太糟糕了，我在Sprint 1里因为交通原因迟到了两回……所以我在想咱们能不能把这个站会向后挪半小时？"

Kelsi："我同意Jason的建议。虽然Sprint 1当中的所有站会我都没有迟到过，但是每天早上9点赶来参加每日站会的确也给我带来了不小的压力。"

Jarod："我复议啊。我觉得即使没有时间的压力，如果在开站会前给我点儿时间让我自己能够回顾和计划，检查一下工作也是很好的。"

老朱："好的，我把这条提议记录下来：每日站会从早上9点改为9点半。接下来这一条是谁提出来的？”

Amy：“是我提出来的。大家都知道我们的集成环境每天都是由成都办公室的运维同事完成的部署。但是，我真的很想说，他们部署的环境问题太多了……本来说好了的，每天上午10点前就肯定可以拿到的集成环境，我经常要等到中午才能拿到，而且环境还十有八九有问题。最开始，我还怀疑是我们的代码出问题了，于是我就去找研发查，结果在Sprint 1里面我们浪费了很多时间在排查问题上，而最后排查的结果都证明是环境部署问题。最让我气愤的是，出了问题我还找不到负责人去解决问题，我在线上找人，经常都要下午3点以后才会有人理我……这太糟糕了……”

Kelsi：“我和Amy遇到的问题是一样的，部署那边的问题太大了……”

老朱：“好，那我们就把问题记录下来，集成环境部署不及时，在环境出现问题时，无法找到相应的负责人及时解决问题，以致影响整个团队的工作效率。”

……

Jarod：“我写的一条继续做的内容是‘功能测试用例作为每个用户故事的第一个任务，研发、测试、产品负责人需要共同评审功能测试用例并且通过后才开始研发工作’，这样可以避免在后期由于研发、测试、产品负责人对功能的理解不同而导致的返工。”

Kelsi：“我也很喜欢这样的做法，在Scrum中研发团队充分的沟通提升了我们的工作效率。”

小王：“我也喜欢这样，由于共同评审了测试用例，在开发之前我就很有信心做出来的功能是我想要的，避免了后期很多的麻烦。”

老朱：“好。我们把这一条也记录一下。”

……

40分钟的讨论时间很快就过去了。会议的下一个议程是针对之前的发现和讨论做出决策。

老朱：“下面让我们逐条过一下我们刚才讨论的内容。第一条，大家同意把站会挪到9点半吗？”

问题列表

（1）每日站会时间从早上9点挪到9点半。

（2）集成环境部署不及时，在环境出现问题时，无法找到相应的负责人及时解决问题，以致影响整个团队的工作效率。

（3）功能测试用例作为每个用户故事的第一个任务，研发、测试、产品负责人需要共同评审功能测试用例并且通过后才开始研发工作。

……

大家一致表示同意。

老朱：“好，大家都同意，我们就把站会挪到9点半。如果大家以后认为这个时间不合适，我们可以再调整。Scrum项目就是一个不断调整，拥抱变化，不停迭代的过程。那么，对于这个变化，我们需要做点儿什么吗？”

小李：“我需要改一下每日站会的会议邀请。”

老朱：“好，那我记录一下这项任务。

下一个内容是集成环境部署的问题。大家觉得有什么方法可以解决问题吗？”

开发工程师Jarod：“我觉得需要和部署的同事讨论一下现在的问题，告诉他们我们的需求，看看他们要怎么做来满足我们。要不要和他们开个会把我们的工作流程和时间结点都确认一下？”

Amy：“嗯，如果部署问题的状况还会持续一段时间的话，那我就需要研发能够在冲刺结束前的两天停止提交代码，这样测试才能够有足够的时间在冲刺临近结束时应付由于部署问题带来的测试延迟对于提交冲刺增量的压力。”

老朱：“大家怎么看Jarod和Amy提出的这两个建议？”

Jason：“我认为这两个建议都很合理。Jarod的建议可以解决根本问题。但是如果这需要时间的话，Amy提出的Sprint结束前两天提交所有代码就很有必要了。”

Kelsi：“如果真是结束前两天停止提交代码，会不会对你们下个Sprint的工作量有影响呢？”

Jason：“我认为问题不太大，我们可以放一些研究和文档的工作在最后两天。个人调整一下工作顺序应该就能解决。”

老朱：“这样的话就需要做两件事：第一，和部署的同事打电话沟通问题；第二，团队所有成员承诺在Sprint结束前两天不再提交新的代码。谁负责第一件事？”

小李：“我来组织和部署同事的沟通吧，但是接下来也许需要有其他人和我一起与他们讨论。”

老朱：“接下来，我们讨论的是：功能测试用例作为每个用户故事的第一个任务，研发、测试、产品负责人需要共同评审功能测试用例并且通过后才开始研发工作。大家是否认可这种做法？有没有什么想法？”

Jason：“我非常认可，这正是测试驱动研发的做法。Amy和我曾就一个用户故事的功能有过争议，就是靠评审功能测试用例发现的。这个挺好用。我们应该继续这样做。而且我建议把这个做法固定为我们团队的工作流程。没有评审过测试用例的用户故事研发不能开始代码工作。”

大家一致认同Jason的说法。

老朱：“好，那我们把这一条也作为团队承诺的工作流程记录下来。”

待办事项列表

小李：更改每日站会的会议邀请。

小李：组织和部署同事的沟通。

Scrum Team：承诺在Sprint结束前两天不再提交新的代码。

Scrum Team：没有评审过测试用例的用户故事研发不能开始代码工作。

……

……

老朱：“今天，我们发现我们的沟通很好，每日站会的时间需要调整，部署问题需要解决；同时，我们对冲刺结束前提交代码的最后期限和测试驱动研发两个方面的工作方法达成了共识，做出了承诺。接下来，大家需要按照我们记录的待办事项去完成各自的工作。

……

除了我们今天使用的‘开始做，停止做，继续做’的方法以外，为了达到不同的目的，回顾会议有多个游戏可以用来收集信息。我们在未来的回顾会议中会和大家一起做游戏。轻松、有趣地完成我们的会议。”

图解Scrum

Sprint回顾会议

检视前一个Sprint中关于人、关系、过程和工具的情况如何

找出并加以排序做得好的和潜在需要改进的主要方面

制订改进Scrum团队工作方式的计划

人

过程

关系

工具

做得好的

需要改进的

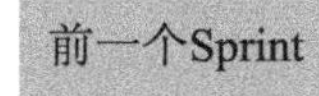

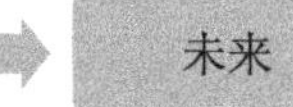

知识小结

（1）会议目的——检视和调整Scrum团队的流程。

（2）会议时间——每个ScrumCycle的最后一个会议（推荐开会时间是每个Sprint最后一天的下午）。

（3）时间盒：≤2小时（两周的Sprint）。

（4）会议讨论的问题：

- 检视前一个Sprint中关于人、关系、过程和工具的情况如何。
- 找出并加以排序做得好的和潜在需要改进的主要方面。
- 同时，制订改进Scrum团队工作方式的计划。

Lizzy说

回顾会议开起来可以很简单，但是想开好其实并不容易。你需要能够调动气氛，促进团队畅所欲言，让团队认为安全。最终，收集到更多的有待改进的建议和具体的解决方案及下一步计划。

我团队中的成员曾经向我抱怨过：回顾会议没有意思，纯属浪费时间。这让我作为ScrumMaster很有挫败感，因为Scrum Master有义务确保会议的有效性。于是，我在一段时间里很用功地尝试和学习了一些提升回顾会议效率的技术和方法。

一路走过，我的建议是，无论你是什么角色，当有或者听说这种回顾会议无用的言论的时候，都请你坚持住，持续改进你的回顾会议，使它更有效率。终有一天，你会发现，Scrum的4个会议中，你最爱的就是回顾会议。

Lizzy说

建议团队尝试一下安全检查吧，它会帮助团队发现最适合团队的会议讨论方式。记住，不要试图改变团队成员的个性，而是要找到他们最舒服的讨论问题的方法。

会议纪要也可以做得很有感觉，拍张照片把会议讨论的内容用影像的形式记录下来，分享给大家，整个团队都会更有成就感，而且更愿意去履行他们在会议上承诺的职责和流程。

4.5 实践类问题

4.5.1 冲刺目标是什么

Lizzy说

在Sprint计划会议中，Scrum团队会草拟一个Sprint目标。Sprint目标是在这个Sprint通过实现产品待办列表要达到的目的，同时它也为开发团队提供指引，使得开发团队明确开发增量的目的。Sprint目标为开发团队在Sprint中所实现的功能留有一定的弹性。所选定的产品待办列表项会提供一个连贯一致的功能，也即是Sprint目标。Sprint目标可以是任何其他的连贯性来促使开发团队一起工作而不是分开独自做。

开发团队必须在工作中时刻谨记Sprint目标。为了达成Sprint目标，需要实现相应的功能和实施所需的技术。如果所需工作和预期的不同，开发团队需要与产品负责人沟通协商Sprint待办列表的范围。

4.5.2 Sprint应该多长

Lizzy说

Sprint应该多长取决于团队和项目。当然，如果采访Scrum团队的话，你会发现绝大多数团队都会把Sprint长度定在一周到四周之间，其中两周的长度是最常见的。对于新项目来说，可以考虑以下两个因素来确定Sprint长度。

（1）团队的偏好——研发团队都喜欢长一些的Sprint，这样他们可以更从容地完成任务；但产品负责人则更倾向于更加频繁的迭代，这样他们可以更快地看到工作的产品。这两股力量互相平衡，最终决定了团队的偏好。

（2）需求的易变性——如果由于产品的特点或者市场情况而需要产品负责人经常性地修改需求，那么我们就建议选择短一些的Sprint。

有一点需要反复强调：一旦确定了Sprint的长度（前期尝试是可以的），就请不要轻易地修改它。保持团队的工作节奏是非常重要的。尤其当多个团队工作于同一个产品当中时，工作节奏就成为管理的重点。

4.5.3 一个Sprint需要完成多少个故事点

Lizzy说

故事点是一个相对的估计，除非刻意安排，每个公司的每个团队都可以有自己的一套对于故事点大小的认知。因此，一个团队需要在一个冲刺中完成多少个故事点这个问题是没有答案的。但是，根据上个冲刺你团队完成的故事点数来估计下个冲刺你可以做多少个故事点是有意义而且可以找到答案的。

团队速率是Scrum当中的一个重要指标。在每个冲刺的最后，团队会将完成的所有任务的故事点相加，最终得到的数字就是团队速率。团队速率可以被用来预计下个冲刺团队可完成的工作。这样就可以帮助团队做出更长时间内可完成工作的预估，并且帮助团队发现和确认问题。

4.5.4 如果评审会议没有可以演示的内容怎么办

Lizzy说

如果团队什么工作也没有完成，肯定就没有任何东西可以演示，此时评审会议要讨论的重点就是为什么这个冲刺没有任何工作进展，这对今后的工作有什么影响。当然，如果完成的工作难以演示则是另外一件事。例如，假设完成的工作是架构工作，那么可以展示代码（前提是产品负责人认可代码是可验收的有价值的增量）。

4.5.5 Sprint评审会议有没有一些小技巧

Lizzy说

在评审会议当中，你很有可能会遇到大家提出各种各样的问题和建议。我建议把问题限定在主题范围内。我的意思是说，团队应该回答与所演示内容有关的问题。但是如果问题跑题，就应该留到会后再处理，最好由产品负责人和相关的干系人召集单独的会议进行讨论。

另外，所有的建议（不管听起来有多不靠谱）记在白板或者是便签纸上，在会中就呈现给所有与会人。会后，任何有价值的建议都应该由产品负责人加入到产品列表中，以便进一步考虑。

4.5.6 回顾会议上的安全检查

Lizzy说

在任何一个会议上，不同的与会者都有可能有完全不同的感受。开会的时候有些人会觉得说话很安全很舒适，因此他们也会假设别人也有同样的感觉。但是，有另外一些人，他们也许就感觉很难受，甚至是恐惧，以至于他们很安静，甚至看起来很紧张。

回顾会议需要Scrum团队成员发表自己的观点，因此对于与会者在会议中的舒适度和喜好（喜欢当众发言或者是在小组里发言）对会议成功与否有很重要的影响。

安全检查是通过匿名调查来了解团队整体对会议的安全感的情况。

以下就是安全检查的步骤，以及发给与会者的调查表。

发票 → 你参加Retro会议的感觉如何 →

写一个数字在票上 → 收票 → 统计 → 分析

级别	描述	备注
4	舒适	所有的事情都很安全舒适，可以畅所欲言
3	安全	基本上所有的事情都很安全，几乎可以畅所欲言
2	一般	大部分事情是可以讨论的
1	危险	很多事情都说不出来
0	恐惧	几乎所有事情我都说不出来

如果在安全检查中，发现大家对回忆的感觉更倾向于“危险”或者“恐惧”，那么ScrumMaster就需要尽量增加小组讨论的环节，让与会者在相对更加安全和舒适的小组里讨论问题。

尾　声

下午6点整，团队约好一起离开办公室到公司旁边的“串吧”聚餐。大家都很开心，一起庆祝第一个冲刺的圆满完成。

Jason：“虽然我们刚刚做了一个冲刺。但是我有一个预感：我们今年终于不用持续不断地加班了。这太棒了！”

Amy：“Jason，这回你可以按时回家了。你媳妇儿、儿子很开心吧？哈哈。”

Jason：“多亏了Scrum。它帮助我们用更加灵活的方式，更加高效地工作。”

Kelsi：“我很喜欢团队能兑现承诺的感觉。在计划会议上我们做出承诺，这种承诺是我们自发的而不是被领导逼迫的。然后，在冲刺中，我们想尽办法，克服困难去兑现我们的承诺。这让我很有成就感。

作为测试工程师，我感觉棒极了。从头到尾，我们整个团队紧密工作。测试不再是最后承担所有压力的那个倒霉蛋了。Jason，Jarod他们在我和Amy忙不过来的时候，都帮我们承担了一些工作。我能感觉到团队的支持。”

小王：“要感谢老朱，是您帮我们介绍了Scrum，并且帮助我们组建团队，做准备，完成第一个冲刺。非常感谢您随时随地的帮助。

我感觉也特别棒。两周就能看到产品实现了一些功能，这在以前是不敢想象的啊。我可以拿着这些功能展示给我们的用户看。他们一定会很开心。”

老朱：“大家都很棒！我很开心可以和大家一起工作！”

Jarod：“小李也非常棒啊。他帮助我们解决了很多的问题。例如，我之前遇到了账号问题，他就立刻帮我联系相关的同事解决。以前如果只凭我自己解决这个问题，可能要一周的时间，但这回不到半天的时间问题就解决了。”

小李：“很高兴为大家效劳。作为ScrumMaster我希望可以更加专业，更好地为我们的团队服务。”

Stephen：“你们回顾会议还没开够啊……串儿和啤酒都来了，咱们开吃吧！”

大家：“为了我们的‘任务板’团队，干杯！！”

故事讲到这里，我们要和任务板团队先说再见了。从小白到第一个冲刺的顺利完成，团队的所有成员都完成了一次华丽的转身。跟随着团队的成长，读到这里的你感觉如何？我希望这本书能够帮你们建立对于敏捷和Scrum的认知，最好能够帮你们解决一些工作中遇到的问题，或者提供一些你们认为有价值的思路。希望它读起来没有那么辛苦，希望故事里的一些对话对你有所帮助。

当然，也许你会问，任务板团队这样就可以顺利地完成每一个冲刺了吗？故事是不是到这里就可以结束了？先别急着看我下面的答案。你先问问自己：答案是什么。

想好了吗？你的答案是什么？你说对了。他们当然不会就此顺利地完成接下来的冲刺，其实故事才刚刚开始。随着不停的冲刺，他们会遇到各种问题，他们需要不停地适应、学习、调整来实现冲刺和更高层面上的目标。

中国公司和团队是否要敏捷?

看完整个故事，不知道读者会不会问这样一个问题：故事里的团队虽然也是本土团队，但是他们服务的公司是外企，他们的流程和文化受到美国总部的影响，例如，他们转型敏捷，很重要的一个原因就是总部在要求转型。而作为读者的我们，服务于中国的公司，没有外国老板，我们有必要转型吗？

在本书一开始，我就强调了团队转型是为了响应市场和技术的变化，作为读者的你们可以去判断自己服务的产品和团队是否有这样的特点。

在此，我想从另外一些视角再和大家探讨一下这个问题。

首先，在中国的本土公司团队里尝试转型，你也许会遇到相较于故事中的团队更大的抵触。其实，敏捷转型对于团队中的每一个成员来说都是挑战。人的本性是讨厌改变的。所以不光是中国的团队在转型中会遇到严重的抵触，各个团队都会遇到。所以，单纯是因为惧怕改变而带来的抵触并不能成为拒绝转型的原因。你需要更多的智慧去解决这种抵触。

其次，在中国的本土公司团队里也许你们已经习惯了通过加班赶工的方式来快速发布，仿佛是否转型敏捷对于你们来说并不重要。这在国内很多团队中普遍存在，尤其是创业公司和互联网公司，大家习惯于通过加班来解决所有问题。但如果你把时间轴拉长，你会明白没有哪个人，没有哪个团队，可以一直通过加班来解决问题。随着加班时间的拉长，你会发现团队的效率越来越低。即使团队通过赶工，保证产品按时上线，事后的线上问题也会让你苦不堪言。从另外一个角度看，如果你的公司和团队发展良好，团队迅速扩张，你会发现团队扩张和团队的产出并不成正比，越多的人和越多的工作时间并不能换来等量的质量优秀的产品。所以，你应该尝试转变思路，将加班、赶工、增加人手这些方法从你的“灵药”手册中剔除，使用敏捷来从根本、长线上确保快速发布质量优秀的产品。我知道，转变思路很难。但是，你应该懂得“不变即亡”的道理。

最后，也许你的团队和公司就不认为“管理”可以帮助取得成功，也许你们坚信优秀的技术和卓越的市场洞察力才是取胜的王道。没问题，不光是中国团队，很多国家的团队都有这种信念。如果是这样，我想问，你的公司和团队有多少人？如果你们是个初创公司，团队成员之间彼此熟悉，沟通无碍，极其透明，那么你们也许真的感受不到太多“管理”的味道。如果你们的公司正在或者已经扩张，那么请你再想一想，每天让你烦恼的问题，有多大程度上是可以通过改善管理解决的？根据人类历史的经验，科技往往会走在管理的前面，但终有一天，随着规模的扩大，管理会成为制约你们发展的瓶颈。

我至今仍旧深刻记得，之前就职的数据仓库公司的技术总监说的话：中国相较于美国，在技术上落后8年左右。所以，你们现在看到的美国的技术潮流，在8年后中国人会开始追捧。（也许现在要不了8年的时间，但是的确要承认的是我们是需要更加努力的奋斗来抹平和欧美发达国家的差距。）中国之于美国和欧洲发达资本主义国家的落后，不单纯是科技上的，管理上的落后也同样存在。当美国兴起第一波敏捷热潮的时候，中国的IT公司还在追捧CMMI、ISO的认证。而如今，当敏捷已经成为多一半美国IT项目的开发方式时，我们才刚刚开始吃螃蟹，尝试敏捷。

虽然前路艰难，但是我们要鼓起勇气将敏捷转型进行到底。在中国，我们做得到！！

敏捷项目的技术实践能介绍一下吗？

在这本书中，我没有太深入地讲解Scrum项目中经常应用的敏捷技术实践。目前来看最常应用的一些技术实践都是源于极限编程的一些方法，例如单元测试、重构、结对编程、测试驱动开发等。如果你是一名研发，那么你可以去关注一些关于XP实践的博客和书籍。如果你是测试，相对敏捷软件测试的实践有一个系统化的了解，那么我就推荐你去读一读Lisa Crispin和Janet Gregory编写的《敏捷软件测试：测试人员与敏捷团队的实践指南》。

这个世界为什么需要敏捷？

你知道同学录吧？在我的学生时代，每到毕业季的时候，同学们都会买一本漂亮的“同学录”，然后彼此互相留下美丽的赠言和各自的联系方式。这也许是80年代学生们的共同记忆。也许你完全没听说过同学录，那是因为你的学生时代，QQ、微信、微博、手机已经非常普及，大家已经不再需要靠一本册子来维护同学信息了。

这个时代真的是变了。以前，两个人想要沟通信息，各自身边都需要有一个电话。后来，大家有了手机，再后来有了QQ，再后来有了永不下线的微信。人和人之间沟通的成本越来越低，在这个世界上想找到任何一个人都不再是一件难事了。

可是，随着沟通成本的降低，这个世界并没有变得更加的简单。相比之下，世界变得越来越复杂，越来越不可预计。以前，如果想让所有人了解一件事情，必须通过报纸、广播、电视来宣传。现在，随便一个人发一条朋友圈，就能引发不可预计的影响。

以往，我们可以按照市场人员对于销售数字和客户的分析去制订产品研发和生产计划，然后按部就班一步一步将新产品研发、生产、打包、销售出去，公司的盈利是可以预计的。现在，市场变化飞速，也许你什么都没有做错，一转眼居然发现公司的产品没有任何市场了。销售没有时间等待研发和生产部门制订庞大的计划并且实施，因为商机转瞬即逝，一步错，也许就会导致整个公司陷入深渊。想一想，十几年前红火的诺基亚、摩托罗拉，几年前红火的当当网、校内网，几个月前红火的乐视，如日中天的它们不是都一个一个地倒掉了吗……

这个世界从复杂（复杂的事务有许多部分，这些部分以比较简单的方式彼此连接，彼此相依）变得前所未有的错综复杂（错综复杂是在多个元素间的互动剧烈增加的情况下发生的——万物的关联性使得病毒和银行倒闭的影响能够扩散，就这样，事物迅速变得无法预测）。 在这个时代，我们需要更多的敏捷性来适应和调整自己。

也许你会问，敏捷性可以保证我的公司高效地运转吗？很遗憾，敏捷不能。彼得 • 德鲁克曾经说过一句让人印象深刻的话：“效率就是把事情做对，有效就是做正确的事。”敏捷性是要确保在错综复杂的市场环境里你具备足够的灵活性来调整自己以适应环境，即有效——做正确的事。

也许你会接着问：那效率就不重要了吗？你要明白，首先确保做正确的事，效率才会水到渠成。如果你走在错误的路上，无论多么有效率，都是徒劳的。换个角度讲，从泰勒发展出科学管理，强调追求效率开始，我们这一代人在接受的教育中都直接被灌输了“效率第一”的概念。你肯定见过这样的宣传语“时间就是金钱”。但在当今这个错综复杂的世界，追求效率已经不再是金科玉律了，至少它应该让位于敏捷性。也许，在很多年后出生的新一代人，他们的教育灌输给他们的就是“敏捷第一”。

组织如何敏捷转型?

不知道你是不是意识到了，书里只是提到了在一个组织中的一个团队的敏捷转型故事。这个团队所处的组织如何进行敏捷转型呢?

组织敏捷转型是在一个更大维度上的问题。我也正努力致力于这个领域。如果你有相关的问题，欢迎和我探讨。也许在将来，我可以再出一本书来探讨这个问题，尤其是中国团队敏捷转型的历程。我想那将十分精彩。

最后，感谢你肯花时间读这本小册子。如果你对本书有任何意见，都欢迎你加我微信向我提出意见，这是对我最大的帮助。谢谢你容忍书里的缺陷，我会在接下来的版本里努力改正它们。

附录A 参考概念

1. 小瀑布

虽然使用了Scrum的各种仪式，把迭代也变短了，但还是在按照瀑布的习惯和工作方式工作，而没有思考敏捷的核心价值——这样的团队工作方式称为小瀑布。

2. 时间盒

Time boxing是一种管理方法，即在预算时间内对完不成的功能进行删减或者延迟，而不是拖延预算的时间。用我们熟悉的术语就是“后墙不倒”。

一个“Time box”是一个比较短而且固定长度的时间段。在这个时间段中，团队成员要为满足一个特定的目标做出努力。这个目标可以是一批功能需求或技术需求，也可以是满足一个发布目标（例如，beta测试应支持150个用户），还可以是完成一个可运行的原型等。

3. 迭代和增量

术语迭代和增量各有其独特的含义，但在敏捷中它们经常被放在一起使用。那到底什么是迭代？什么是增量？在敏捷中这两个词放在一起使用又是为什么呢？

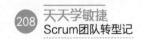

所谓增量开发，就是一块接着一块地构建一个系统。一部分功能被先开发出来，然后另一部分功能被加入到前一部分功能中，以此类推。例如，如果我们开发一个在线的电商平台网站：首先开发这个站点的账户功能，下一步是开发能列出待售商品的功能，然后开发出购物车功能。

与之相比，迭代开发就是“重做调度策略”。迭代开发过程认为：第一次能做好某个特性是不可能的事（至少是不大可能的事）。在迭代构建同样一个电商平台的时候，我们可能首先开发一个初步的全网站版本，得到用户的反馈；然后开发包含反馈的后续全网站版本；并且不断根据需要重复这个过程。

在一个增量过程中，我们完全地开发一个特性，然后再进入下一个；而在一个迭代的过程中，我们构建整个系统，但在一开始做得并不是那么完美，而是利用后续机会对整个网络进行各种改进。

而在Scrum当中，我们将迭代和增量开发二者结合以后，原来在增量和迭代过程中固有的那些弱点也就不再存在了。

4. 潜在可发布

对潜在可发布的完全定义需要业务领域和应用程序的知识，只有包括产品负责人和ScrumMaster在内的团队才拥有这些知识。事实上，任何一个新团队需要做的一件事情就是讨论并且同意完成的定义（请参见3.3节关于“完成的定义”的介绍），它定义了与所在环境相适应的某个潜在可交付的产品增量。Sprint里产品列表中的每一项只有满足这个标准以后，才可以认为是完成了。

附录B 参考文献

[1] Sims C，Johnson H L. Scrum要素[M]. 徐毅，译. 北京：人民邮电出版社，2013.

[2] Appelo J. 管理3.0：培养和提升敏捷领导力[M]. 李忠利，任发科，徐毅，译. 北京：清华大学出版社，2012.

[3] Goldstein I. Scrum捷径：敏捷策略、工具与技巧[M]. Tian E，徐远来，译. 北京：清华大学出版社，2014.

[4] Rubin K S. Scrum精髓：敏捷转型指南[M]. 姜信宝，米全嘉，左洪斌，译. 北京：清华大学出版社，2014.

[5] McChrystal S，et al. 赋能[M]. 林爽喆，译. 北京：中信出版社，2017.

附录C　敏捷软件开发宣言

我们一直在实践中探寻更好的软件开发方法，身体力行的同时也帮助他人。由此我们建立了如下价值观：

个体和互动 高于 流程和工具

工作的软件 高于 详尽的文档

客户合作 高于 合同谈判

响应变化 高于 遵循计划

也就是说，尽管右项有其价值，我们更重视左项的价值。

Kent Beck Mike Beedle Arie van Bennekum Alistair Cockburn Ward Cunningham Martin Fowler	James Grenning Jim Highsmith Andrew Hunt Ron Jeffries Jon Kern Brian Marick	Robert C. Martin Steve Mellor Ken Schwaber Jeff Sutherland Dave Thomas

敏捷宣言遵循的原则

我们遵循以下原则：

我们最重要的目标，是通过持续不断地
及早交付有价值的软件使客户满意。

欣然面对需求变化，即使在开发后期也一样。
为了客户的竞争优势，敏捷过程掌控变化。

经常地交付可工作的软件，
相隔几星期或一两个月，倾向于采取较短的迭代。

业务人员和开发人员必须相互合作，
项目中的每一天都不例外。

激发个体的斗志，以他们为核心搭建项目。
提供所需的环境和支援，辅以信任，从而达成目标。

不论团队内外，传递信息效果最好效率也最高的方式是
面对面的交谈。

可工作的软件是进度的首要度量标准。

敏捷过程倡导可持续开发。
责任人、开发人员和用户要能够共同维持其步调稳定延续。

坚持不懈地追求技术卓越和良好设计，敏捷能力由此增强。

以简洁为本，它是极力减少不必要工作量的艺术。

最好的架构、需求和设计出自自组织团队。

团队定期地反思如何能提高成效，
并依此调整自身的举止表现。

附录D　Scrum的应用、三大支柱和五大价值观[①]

Scrum的应用

Scrum最初是为了管理和开发产品而开发的。从20世纪90年代初开始，Scrum在全球范围内已得到了广泛应用。Scrum已被用于开发软件、硬件、嵌入式软件、交互功能网络、自动驾驶汽车、学校、政府、市场营销、管理组织运营，以及几乎所有我们（作为个人和群体）日常生活中所使用的一切。

随着技术、市场和环境的复杂性以及它们之间相互作用的快速增长，Scrum在处理复杂性方面的效用日益得到证实。

在迭代与增量式的知识迁移中，Scrum被证明特别有效。现在Scrum广泛用于产品、服务和大型组织管理。

三大支柱

透明、检视和适应是Scrum的三大支柱以撑起每一个过程的实施。

支柱	定义	例子
透明	过程中的关键环节对于那些对产出负责的人必须是显而易见的。要拥有透明，就要为这些关键环节制定统一的标准，这样所有留意这些环节的人都会对观察到的事物有统一的理解	所有参与者谈及过程时都必须使用统一的术语 负责完成工作和检视结果增量的人必须对“完成”的定义有一致的理解

① 本附录内容摘自《Scrum 指南》。

续表

支柱	定义	例子
检视	Scrum的使用者必须经常检视Scrum的工件和完成Sprint目标的进展，以便发现不必要的差异。检视不应该过于频繁而阻碍工作本身。当检视是由技能娴熟的检视者在工作中勤勉地执行时，效果最佳	Scrum规定了4个正式事件，用于检视与适应上，这4个事件在Scrum事件章节中会加以描述： Sprint计划会议 每日Scrum站会 Sprint评审会议 Sprint回顾会议
适应	如果检视者发现过程中的一个或多个方面偏离可接受范围以外，并且将会导致产品不可接受时，就必须对过程或过程化的内容加以调整。调整工作必须尽快执行如此才能最小化进一步的偏离	

五大价值观：承诺、勇气、专注、开放和尊重

当五大价值观为Scrum团队所践行与内化时，Scrum的透明、检视和适应三大支柱成为现实，并且在每个人之间构建信任。Scrum团队成员通过Scrum的角色、事件和工件来学习和探索这些价值观。Scrum的成功应用取决于人们变得更为精通践行五大价值观。人们致力于实现Scrum团队的目标。Scrum团队成员有勇气去做正确的事并处理那些棘手的问题。每个人专注于Sprint工作和Scrum团队的目标。Scrum团队及其利益攸关者同意将所有工作和执行工作上的挑战进行公开。Scrum团队成员相互尊重，彼此是有能力和独立的人。

附录E　瀑布模型与Scrum

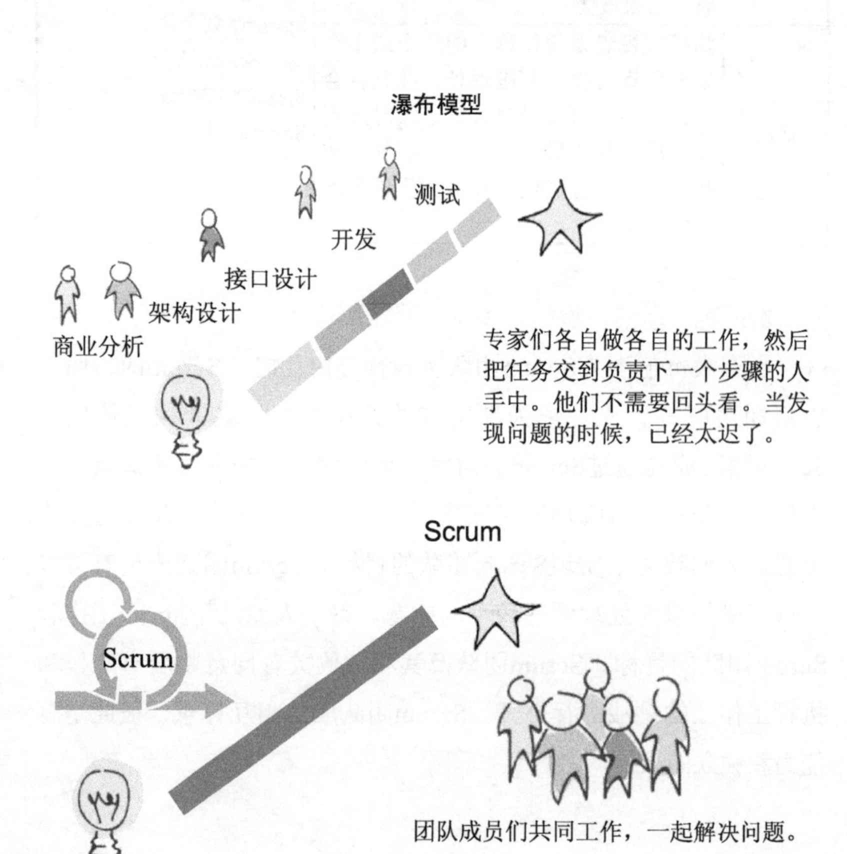
瀑布模型
测试
开发
接口设计
架构设计
商业分析
专家们各自做各自的工作，然后把任务交到负责下一个步骤的人手中。他们不需要回头看。当发现问题的时候，已经太迟了。
Scrum
Scrum
团队成员们共同工作，一起解决问题。

附录F Scrum骨架

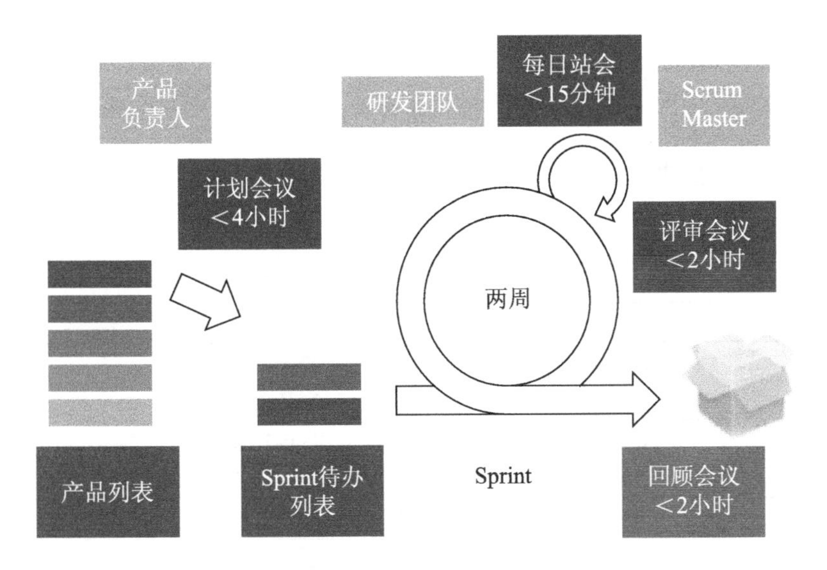

产品
负责人
研发团队
每日站会
＜15分钟
Scrum
Master
计划会议
＜4小时
评审会议
＜2小时
两周
产品列表
Sprint待办
列表
Sprint
回顾会议
＜2小时

附录G 专有名词对照

中英文专有名词对照表

英文名词	中文解释
Agile	敏捷
Scrum	一种敏捷方法
Iteration	迭代
Sprint	冲刺
Product Backlog	产品列表
Sprint Backlog	产品待办列表
Develop（Dev） Team	研发团队
Product Owner（PO）	产品负责人
Daily ScrumMeeting	每日站会
Planning Meeting	计划会议
Review Meeting	评审会议
Retrospective Meeting	回顾会议

同义词对照表

专业名词	同义词
冲刺	迭代
Sprint待办列表	Sprint列表
Scrum每日站会	每日站会
用户故事	故事
Epic	史诗级故事